数学教学与数学核心素养培养研究

朱光艳　著

北京工业大学出版社

图书在版编目（CIP）数据

数学教学与数学核心素养培养研究 / 朱光艳著 . —
北京 ：北京工业大学出版社，2019.11（2021.5 重印）
ISBN 978-7-5639-6853-4

Ⅰ . ①数… Ⅱ . ①朱… Ⅲ . ①数学教学－教学研究
Ⅳ . ① O1-4

中国版本图书馆 CIP 数据核字（2019）第 142190 号

数学教学与数学核心素养培养研究

著　　者：朱光艳
责任编辑：吴秋明
封面设计：点墨轩阁
出版发行：北京工业大学出版社
　　　　　（北京市朝阳区平乐园 100 号　邮编：100124）
　　　　　010-67391722（传真）　　bgdcbs@sina.com
经销单位：全国各地新华书店
承印单位：三河市明华印务有限公司
开　　本：710 毫米 ×1000 毫米　1/16
印　　张：11.5
字　　数：200 千字
版　　次：2019 年 11 月第 1 版
印　　次：2021 年 5 月第 2 次印刷
标准书号：ISBN 978-7-5639-6853-4
定　　价：48.00 元

前　言

现代社会的发展日新月异，我们生活在一个数字化的信息时代，数学的应用越来越广泛，数学的内容、思想、方法和语言已广泛渗入自然科学、社会科学以及人们生活的方方面面。在日常生活和工作中，人们理解和应用数学的需求不断上升，如了解天气趋势、商场打折促销、家庭投资理财、电脑图像设计等，都需要较强的数量意识和数学思维能力等。在现代社会里，数据、符号日益成为一种重要的信息。为了更好地认识客观世界，人们必须学会处理各种数据信息，收集、整理与分析图表，这些能力已经成为信息时代公民基本素养的一部分。

在这个不断更新的社会里，那些懂得且能运用数学的人们大大提高了规划他们未来的机会和选择。对数学的精通打开了通向美好未来之门。相反，这美好之门对缺乏数学能力之人是关闭的。数学已成为人们从事生产劳动、学习和研究现代科学技术必不可少的工具，每位普通公民都需要具有一定的数学素养，才能更好地参与社会生活。

全书共八章，约 20 万字，由湖北民族大学朱光艳撰写。第一章为绪论，主要阐述了数学发展简史、数学学科的研究对象与学科性质以及数学学科的文化价值与学科地位等内容；第二章为当代数学教学的改革，主要阐述了国际数学教学的改革、我国数学教学的改革以及建构主义与当代数学教学改革和数学建模与当代数学教学改革等内容；第三章为数学核心素养与学科能力，主要阐述了数学核心素养、数学学科能力，提出了数学学科能力构成的理论界定等内容；第四章为小学数学教学与核心素养的培养，主要阐述了小学数学课堂教学设计、小学数学学科性质与任务、小学数学教学设计的理论基础和小学数学核心素养的培养策略等内容；第五章为初中数学教学与核心素养的培养，主要阐述了初中数学课堂教学设计、新课改下的初中数学教学以及初中数学核心素养的培养策略等内容；第六章为高中数学教学与核心素养的培养，主要阐述了高中数学课堂教学设计、高中数学学科课程改革创新与教学目标、高中数学学科教学模式与教学方法创新以及高中数学核心素养的培养策略等内容；第七章为大学数学教学与核心素养的培养，主要阐述了大学数学课堂教学设计、大学数学教育思想与哲学、数学思维与数学思想方法、大学数学核心素养的培养策略等内容；第八章为基于数学核心素养的测评和教学实践策略，主要阐述了基于数学核心素养的测评、基于数学核心素养的教学实践策略等内容。

本书系 2018 年湖北省教育厅人文社会科学研究项目——"基于学生数学核心素养的数学课堂教学研究"（项目编号：18Y103）的研究成果。

为了确保研究内容的丰富性和多样性，笔者在写作过程中参考了大量理论与研究文献，在此向涉及的专家学者们表示衷心的感谢。

最后，由于笔者水平不足，加之时间仓促，本书难免存在疏漏和错误，在此，恳请同行专家和读者朋友批评指正！

目　录

第一章　绪论 ………………………………………………………… 1

　　第一节　数学发展简史 …………………………………………… 1

　　第二节　数学学科的研究对象与学科性质 ……………………… 5

　　第三节　数学学科的文化价值与学科地位 ……………………… 8

第二章　当代数学教学的改革 …………………………………… 13

　　第一节　国际数学教学的改革 …………………………………… 13

　　第二节　我国数学教学的改革 …………………………………… 21

　　第三节　建构主义与当代数学教学改革 ………………………… 25

　　第四节　数学建模与当代数学教学改革 ………………………… 30

第三章　数学核心素养与学科能力 ……………………………… 37

　　第一节　数学核心素养 …………………………………………… 37

　　第二节　数学学科能力 …………………………………………… 41

　　第三节　数学学科能力构成的理论界定 ………………………… 43

第四章　小学数学教学与核心素养的培养 ……………………… 47

　　第一节　小学数学课堂教学设计 ………………………………… 47

　　第二节　小学数学学科性质与任务 ……………………………… 51

　　第三节　小学数学教学设计的理论基础 ………………………… 54

　　第四节　小学数学核心素养的培养策略 ………………………… 72

第五章　初中数学教学与核心素养的培养 ……………………………87

　　第一节　初中数学课堂教学设计 ………………………………87

　　第二节　新课改下的初中数学教学 ……………………………101

　　第三节　初中数学核心素养的培养策略 ………………………103

第六章　高中数学教学与核心素养的培养 ……………………………113

　　第一节　高中数学课堂教学设计 ………………………………113

　　第二节　高中数学学科课程改革创新与教学目标 ……………115

　　第三节　高中数学学科教学模式与教学方法创新 ……………120

　　第四节　高中数学核心素养的培养策略 ………………………133

第七章　大学数学教学与核心素养的培养 ……………………………139

　　第一节　大学数学课堂教学设计 ………………………………139

　　第二节　大学数学教育思想与哲学 ……………………………141

　　第三节　数学思维与数学思想方法 ……………………………145

　　第四节　大学数学核心素养的培养策略 ………………………149

第八章　基于数学核心素养的测评和教学实践策略 …………………165

　　第一节　基于数学核心素养的测评 ……………………………165

　　第二节　基于数学核心素养的教学实践策略 …………………169

参考文献 ………………………………………………………………175

第一章 绪 论

数学史是研究数学产生和发展的历史，探求其发展的规律，可以理解数学对人的精神、对科学发展、对社会进步的促进作用。本章对数学的发展历史、研究对象、学科性质、文化价值和科学地位做了全面的介绍，以利于后面对数学教学更深入的研究。

第一节 数学发展简史

一、数学萌芽时期

数学的萌芽时期大约是从远古到公元前 6 世纪的几十万年前。人类经过漫长的生产实践活动，渐渐形成了数的概念，并懂得了一些数学知识，简单学会了数的运算方法。人类在劳作的时候，需要测量土地的大小，需要观察天文为自己所用，所以就渐渐积累了几何知识。因为这些知识都是人类在劳动实践中一边运用一边掌握的零零散散的知识，所以它们是缺乏系统性和逻辑性的。因此，在数学萌芽时期数学知识还不算是一种科学。

（一）古代埃及的数学

早期数学兴起于河谷地带，被称为河谷文明。尼罗河两岸，是早期文化的发源地之一。古埃及就在这个地方逐渐形成。尼罗河为埃及人民带来了肥沃的农田，让他们可以种植食物。但是河水会定期冲毁田地，淹没所有的东西。等到河水退去，人们就需要重新测量这些农耕的面积。因为有这样的需要，测量知识才逐渐积累起来，并成为几何学的开端。由于河水的汛期是可以提前预测的，所以为了提前做好准备，减少危险和损失，人们就有了预报洪灾的需求，逐渐就用到了计算。

神庙是埃及人的典型建筑，埃及人建造神庙的时候，还巧妙地将几何与天文知识融合运用。这样就达到了使神庙接受更多日照的效果。埃及人还建造了很多的金字塔。金字塔是古埃及国王的陵墓。古埃及的统治者被称为法老。这些法老认为人死后还能转世，所以就提前建造自己的坟墓，并且费心去装饰，为来世做更舒适的准备。金字塔的建造蕴含着许多数字奇迹，运用了很多数学原理，甚至还有许多未解之谜，所以我们至少能看出，当时的埃及人已经掌握了很多数学知识。

古埃及是四大文明古国之一，它取得的成就展现了古埃及人们的智慧。古埃及的经典建筑，更体现了他们高超的测量能力。古埃及在数学方面的成就还有著名的数学文献纸草书。其实就是在纸草纸上写成的书。纸草是一种植物，产于尼罗河下游，古埃及人把纸草的茎部切割成薄片，压平后就成为纸草纸；很多纸草纸被粘成长幅，最后卷在木杆上形成卷轴。整个数学萌芽时期的成就还有计数、计算、方程、求面积、求体积等。

后来，由于希腊人对埃及的征服，希腊数学迎来新的时代。

（二）古代巴比伦的数学

古巴比伦属于两河文明，处于两河之间的流域。因为缺少能阻挡入侵者的天然屏障，所以多种民族文化在此交融。

两河文明最繁盛的时期处于公元前 4000 年到公元前 2250 年。这个地方与尼罗河地区不同，这里的河水并不是定期泛滥的。所以就需要别的办法来计算时间。他们学会了观测天象，并利用天文知识发明了历法。比如以月亮的圆缺变化规律作为记录时间标准的太阴历。一小时被分成了 60 分钟，一周被分成 7 天，更发明了进位法以及体积的计算。

泥版与楔形文字的来源密不可分。泥版是一种古代的书写材料。它把湿软的泥土抹平，嵌入木板里，然后用棍棒在木板上画图或写字。由于这些棍棒在写字时留下了特殊的痕迹，使泥版上的字像木楔的形状，于是慢慢形成了楔形文字。至今已经出土的泥版就有 50 万块，约有 300 多块是属于数学范畴的文献。这使得泥版成为探索古代美索不达米亚文明及其数学发展的重要文献。

（三）西汉以前的中国数学

公元前 21 世纪，中国古人的文献中就已经有了很多画图和测量技术的记载，甚至有了关于勾股定理的记载。考古学家从出土的陶器上的符号中，找到了数字符号。商代的甲骨文，更是证明了中国已经掌握和运用了非常完整的十进制计数法。中国古代有特有的计算工具算筹，还有与之配套的算筹计数法。唐朝之后，中国大写数字被创造出来，它们主要被用在商业领域，有效地降低了人们对数字故意涂改的做法。

早在战国时期，中国就领先于世界发现了负数，并运用到计算当中。这在战国时期的文献中已有记载。在春秋战国时代的许多先秦典籍中都有关于乘法口诀表的记载，如在 2002 年出土的秦简中，第一次发现了非常完整的乘法口诀表的实物。

（四）古印度的数学

在世界数学发展历史中，古印度数学因其卓越的成就占有十分重要的地位。从公元前 2500 年到公元前 1750 年的哈拉帕文化时期开始，十进制记数法就已经为古印度人所用。后来又运用了位值记数法和零的符号。这时古印度的十进制记数法才算完备。这项发明是古印度人对人类进步的一大贡献。科学史还表明：古印度的十进制记数法有可能源自中国。

《准绳经》是古印度讲述关于祭坛修建的书，它是目前存留的最早的古印度数学著作。书中提到了一些数学知识的运用。《赞明满悉擅多》的作者是梵藏，这本书中出现了负数的运算以及零的知识。

零是印度人的卓越发明，没有零，就没有完整的位值制记数法，这种记数法能用简单的几个数码表示一切的数，尽管世界上也有不少民族懂得零的道理，然而系统地研究、处理和介绍零，还是印度人的功劳最大。7 世纪中叶，巴格达的印度天文学家，开始将古印度的天文学和数学书籍译成阿拉伯文，从而也把印度的数码介绍到中亚细亚。12 世纪初，欧洲人开始将大量的阿拉伯文数学著作译成拉丁文。意大利人斐波那契用拉丁文将印度 - 阿拉伯数码和记数法介绍给欧洲人。阿拉伯数码虽早在 13—14 世纪就传入中国，但直到 20 世纪初，中国数学与世界数学融合后，国际通用的印度 - 阿拉伯数码才被中国采用。

总体来说，在数学的萌芽时期，人类开始有了最早期的数学概念，并掌握了简单的运用，为之后的数学发展奠定了基础。

二、初等数学时期

初等数学时期，大约在公元前 6 世纪到 17 世纪初期，分为开创时代、交流与发展时代两个阶段。

（一）初等数学的开创时代

在这个阶段，希腊数学占据主要地位。一般又分为以下四个阶段。爱奥尼亚阶段和雅典阶段称为古典时期。在这个时期，诞生了三位著名的大数学家，阿波罗尼、欧几里得和阿基米德。罗马阶段，尼可马修斯的《算术入门》和丢番图的《算术》，将数学研究从形转向了数。

总体来说，这个阶段数学已经发展成为独立的科学，它不再是零散的知识，而是形成了数学理论。

（二）初等数学的交流和发展时代

这一时期，阿拉伯数学在希腊数学和印度数学的基础上发展起来。欧洲的数学在中国、印度、希腊、阿拉伯数学的基础上也取得了突破前人的成绩。

这里尤其需要介绍中国在初等数学时期对数学的贡献。我国的《九章算术》是世界数学历史上的重要成就。它标志着我国初等数学体系的形成。中国的传统数学长期位居世界领先。这一时期世界著名的中国科学家有刘徽、祖冲之、王孝通、李冶、秦九韶、贾宪、朱世杰等。人类历史上的任何成就都不仅仅是个人的或者某个国度的，它们更是全世界人民的共同财富，是世界人民集体智慧的结晶。

三、近代数学时期

笛卡儿变量概念的引入，开启了近代数学的大门。恩格斯评论说："数学中的转折点是笛卡儿的变数。有了变数，运动进入了数学，有了变数，辩证法进入了数学，有了变数，微分和积分也就立刻成为必要的了，而它们也就立刻产生，并且是由牛顿和莱布尼兹大体上完成的，但不是由他们发明的。"

17 世纪是数学发展的创立阶段。代数的地位得到了提高。新的数学分支和新的数学理论接连不断地出现。18 世纪是数学的发展阶段。数学分析成为数学发展中的基本趋势。数学方法从几何方法转向解析方法。19 世纪是近代数学的转折和成熟期。这一时期为近代数学向现代数学转变做好了充分的准备，主要体现在微积分逐渐向数学分析发展、方程论逐渐向高等代数发展、解析几何逐渐向高等几何发展。随着数学家们的不断突破，近代数学逐步走向现代数学。

四、现代数学时期

19 世纪末至今是现代数学时期，科学技术进入飞快发展的时代。数学的发展速度远远超过了之前的阶段，数学研究的领域也得到了极大的拓宽。20 世纪的数学呈现出以下几个特点。第一，随着计算机的出现，数学与电子计算机融合形成了新的计算科学，这使得整个数学产生新的面貌。分析数学的地位发生了变化，离散数学由于广泛体现在计算机科学技术等领域，而逐渐被人们重视起来。计算机使数学不仅仅可以在纸张上演算，还增加了崭新的形式和途径。比如美国的两位数学家用计算机证明了"四色定理"，取得了轰动数学界的成绩。第二，数学在广泛的领域发挥着重要作用。数学的应用越来越强大，类别越来越多，与各个学科之间的联系也越来越紧密。人们生活和工作的方方面面都已经离不开数学，都受到数学的极大影响。尤其是应用数学发展出的新科目，更加扩大了数学的应用范围。第三，数学的整体性结构得到加强。随着数学的不断发展，数学分支也与日俱增。这些分支并不是独立发展，而是彼此互相渗透、互相连接，彼此相融地共同向前发展。第四，纯粹数学继续深度发展。各个领域都有集合论的渗透，集合论的地位也由此得到显著提升。数学的发展一直飞速向前，但是并没有轻视维护基础的牢固。这主要体现在对数理逻辑和数学基础的巩固上。这一时期，数学逐渐产生了许多崭新的理论，比如测度论、积分论、赋范环论、代数拓扑等学科，并且这些学科也逐步走向成熟。一部分遗留下来的古老难题，也在这一时期得到了解决和突破。

第二节 数学学科的研究对象与学科性质

一、数学学科的研究对象

从广义上讲，数学是关于量的科学，其研究对象十分广泛，哲学的十大范畴，如原因与结果：数理逻辑方法；局部与整体：拓扑方法；可能与现实：控制论方法等，不仅如此，逻辑学抽象思维、形象思维、直觉思维等也均在它的研究范围内。甚至，人类自身的思维能力（思维限度与思维的可靠性）也是数学的研究对象。

数学的研究对象可以分为两类。一个是纯粹数学，一个是应用数学。纯粹数学是基础，它研究的是数学自身的规律，它不在意有没有实际的用处。它是以非常纯粹的形式研究事物的数与量的关系以及空间的形式。它更偏重于理论的研究。而与之相对的就是应用数学了。应用数学的关注点在于真真正正地使实际存在的问题得到解决。数学有三大基本特点：严谨性、抽象性、广泛的应用性。其中的抽象性是高度的抽象。数学的理论就属于抽象的范畴。它不仅仅是概念上的抽象，还是数学运用方法的抽象。比如说，化学专家想要证明自己的理论是正确的，就得去做实验。但是数学家是不能通过实验这种形式来证明自己的结论的。数学家必须用计算、推理和逻辑分析来证明。过去，几何学在数学领域算是比较能够通过眼睛去看而直接获得感性认识的，但现在，几何学也渐渐走向抽象，只要任何形状的物品能够满足一些关系，并具有某种特性，便可以构成一门几何学。

数学一直被誉为"精确科学的典范"。逻辑思维的严谨性，帮助数学家把几何学知识串联在一起，形成非常系统的环环相扣的理论，而使它们链接的，正是严密的逻辑思维推理方法，以及非常重要的基础数学知识。

数学已经渗透到我们生活的方方面面，各个领域都需要直接或间接地用到数学。现代科学的高速发展已经越发离不开数学。这也正是数学的广泛应用性特征的体现。

从数学本身的角度来看，可以包含三个方面：模式、结构和现实世界的模拟。它们是理论与能力、文化素养等的结合。以下是几个主要的数学研究对象。

①算术。数字的概念是逐步形成的，而后慢慢运用了十进制。为什么是十进制而不是其他的数字组合呢？因为最初人们最善于利用自己的手指，而人们的两双手加在一起一共有十根手指。这样计数是十分方便和直观的。那为什么不是二十呢？二十的数量比较多，不能快速清晰的一眼就看出来，如果加上脚趾又太麻烦。五个虽然很清晰，但是组数又显得过多了，又会造成一些麻烦。人们在漫长的实践中，体会到十个为一组的方式是最方便最直观的。所以大部分地区的种族群体建立的都是十进制的自然数字表示方法，如巴比伦计数法、希腊计数法、罗马计数法和中国计数法。5000 年后，印第安人率先发明了零。零与自然数统称为整数。这些为阿拉伯数字的形成奠定了基础。近代计算机与数学的相互结合与渗透，使数学进入了崭新的时代。

其实，算术的运算本质都是加法。四则运算只不过加减互为逆运算；乘除互为逆运算；乘法是加法的简便运算。分数由除法而来，小数以及循环小数因分数而生。由于要表达相反的意义，负数就出现了。而这些数被放在一条数轴上，统称为有理数。后来，与之相对的无理数便出现了，所以两者合称为实数。之前的那条数轴也就成为实数轴，后来又出现了虚数。至此，数成为虚数和实数的总和。

②代数。代数是一种用于研究数字和单词的代数运算理论和方法。它是数学的一个分支，研究具有系数的实数、复数和多项式的代数运算的理论和方法。初等代数是古老算术的推动和发展。研究的是数字、数量、关系和结构。初

等代数是代数的基本思想，即研究当我们添加或乘数时会发生什么；如何构建多项式并且找到它们的根。代数研究的对象不仅仅是数字，还包括各种抽象的结构。

③几何。算术和代数研究的都是数，几何研究的是形。几何学其实是从土地的测量上发展而来的。在希腊语里几何就是土地丈量的意思。这必须提到希腊人欧几里得，他将之前的几何学知识经过系统的总结和整理，写成了《几何原本》，成为几何学历史上的重要著作。而我国的《墨经》《九章算术》《周髀算经》也都呈现了几何在中国的发展情况。法国数学家笛卡儿是解析几何的创始人。创立了著名的平面直角坐标系。他将代数和几何相融合进行研究，还对符号的运算系统进行了完善。

④函数。简单说即一个量随着另一个量的变化而变化，或者说一个量中包含另一个量，以及量与量之间关系的依存关系。函数的叫法是由清代数学家李善兰翻译而来的。数学分析是研究函数的，而它研究的内容包含微积分，并且是主要的内容，进而促成了微积分的产生和发展。需要强调的是，微积分并不是与数学分析关系平等，而是数学分析包含微积分。微积分是微分学和积分学的合称。微积分大大推进了数学的发展。随着微积分的诞生，也一并产生了许多分支，如级数理论和微积分几何等。

二、数学学科的学科性质

为了深入了解数学学科的学科性质，我们可以从对数学学科本身的分析入手，从以下三个方面来系统解读数学学科的学科性质。

①数学学科是一门基于数学概念和数学定理的严谨的理论科学，形成了经典数学与现代数学及其各分支的严密的逻辑体系。

②数学学科是一门定量的精密科学。数学学科实现的是从数学概念到数学量的转变，它为了能够随时严格测试数学结论，而使用各种数学表达式为理论和实践（实验）做好铺垫。

③数学学科是一门带有方法论性质的科学。这是一门具有认识世界、改造世界的方法的理论性质的科学。从早期萌芽时期发展到如今，数学通过丰富的数学方法，影响社会思想和社会生活，影响着人们的思想、观点和方法。因此，数学曾被称为"自然哲学""科学方法论的典范""辩证唯物主义哲学的科学基础""现代科学哲学的支柱"等。

"数学"一词源自古希腊语，可追溯至拉丁文的中性复数，由西塞罗译自希腊文"复数"，此希腊语被亚里士多德拿来指"万物皆数"的概念。

通过对数学语义学的分析，我们可以得出如下认识：数是一切事物的基本，是一切科学的基础。数学运用各种符号，渗透到各种信息和系统之中，它是科学的语言，是分析和解决问题的思想与思维工具。它研究的是数和形。它是严密的、精确的、具有逻辑性和想象力的。数学是一个多元化的综合产物，它依靠的是自己本身的经验。数学课程是以集合、命题、算法为基础，以数学现象、数学概念和规律、数学过程和方法为载体，以科学探究为主线，以提高全体学生科学素养为基本目标的基础型课程。

对"数学"一词的系统解读说明，在数学教育教学中，数学课程的构建应着力让学生经历从问题到数学、从生活到数学的基本认识过程，经历归纳、总结、推理、演绎的科学探究实践，注重数学学科与其他学科的交叉融合，使学生的科学素质得到全面的提高。这就决定了数学教育不仅要关注和重视科学知识的教学和技能的培养，还要注重将数学的新成就及其对人类文明的重要影响融入教学课程中去。要培养学生贯穿于一生的、持续学习的学习理念，养成主动进行自我更新、自我探索和自我调节的良好习惯，树立不断革新理念以及求实求真的科学精神。

所以，数学的学科性质就是让学生充分地学习数学知识和技能，让学生经历归纳、总结、推理、演绎的基本科学探究过程，使学生浸润于科学态度与科学精神的文化熏陶中，以提高全体学生的科学素质，促进学生理性思维能力的发展。

第三节　数学学科的文化价值与学科地位

一、数学学科的文化价值

（一）数学是帮助全人类打破思维的束缚与禁锢的先行者

在远古时代，人们相信所有的自然现象和一切人的命运都是由神掌控的。自己的一切以及周围的一切都是无法自我改变的。人们觉得利用巫术的诚心诚意的祈祷可以使众神感发对人类的同情心，避免人类的灾难，甚至会带给人类幸福的奇迹。

古希腊数学的兴盛，使人类首次从数量和逻辑运算的崭新的角度去看待世界，人们认识到世界可以用数量来描述，可以用测量来描述，可以运用逻辑思维进行描述。这唤醒了人类理性的思想，使人类的思想得到了前所未有的解放。

人们逐渐突破了原始宗教对思想的束缚，建立了一种新的数学和自然观点，认为自然也是存在着秩序的，可以用数学的方式来计算和改造，并相信人类自我的智慧可以去探索自然法则和预期会发生的事态。

数学第二次促进人类的思想解放是将数学与宗教联系起来进行探索和研究。人们认识到大自然中确实蕴含着无穷的数学设计。他们产生了新的认知，认为天神是按照一定的数学规律来对大自然进行设计的。因此，找到自然的数学定律成为宗教工作的一项重要内容。科学研究的主要任务成了探究上帝的本质。数学与神学的结合，使数学成了最被关注的真理和所有认知的基本。

数学第三次带来人类的思想解放是非欧几何的诞生。它将数学对象从人类直接感受到的经验转变为人类带有自我意识的自由创造，使人们认识到数学研究的对象不仅仅来自我们直接从经验中得出的已存在的所有数量和所有空间的形式，还应该包括各种自由创造的带有人类智慧的理解。

在此基础上，数学家对这种带有自我意识的创造物进行了深入的研究。法国数学家伽罗瓦的研究和著作推进了人与其他一切事物之间通过某种行为或媒介进行的信息交流与传递的发展。他创建了那个时期最抽象的代数学。数学在人们心中的地位越来越高，它被认作是一种具有预示能力的文化和思想，它能用精确的方式描述世界，它能阐释世界的本质。它不仅解放了人类的思想，引领了人类的进步，而且成为各个学科的引领者。它是科学的特殊语言，打开了整个科学的大门，带动和发展了所有的学科。数学不仅影响精神世界，更丰富精神世界，提高精神世界。它成了交流信息的重要手段，更成了储存信息的重要手段。数学运用的虽然是抽象的逻辑，掌握的却是实在的方法。从感性到理性的发展，使数学更加严谨和可靠。

（二）数学点亮了科学道路的光

回顾漫长的科学发展历程，研究那些重要的科学理论，不难发现数学在这些成就中的重要身影。历史上著名的科学家全都非常重视数学在科学研究中的作用，不仅不会将它们割裂开来，而且还非常重视数学的引领作用，使二者相融，以推动科学的发展和成果的研究。

这些科学家勤于观察，擅长联想，对数学与科学相结合运用的研究充满强烈的探索渴求，不断推动人类的进步和科技的发展。从哲学层面的理解意味着一切都是数量和质量的统一，它有自己的数量定律。没有数量定律，就不可能对各种各样的东西有清晰明了的理解。数学是一门研究"数量"的科学。它不断总结和积累各种数量的规律性，因此它必成为人们理解世界的重要工具。从方法论的角度来看，正是具有科学性的数学使数学成为科学的语言，使数学成为叩开科学之门的关键。

如今，想找到与数学无关的东西已经非常困难。数学是一切质与量的统一，是事物的一种规律。它是工具是方法也是思维方式，是知识是科学也是素质。数学是描绘自然规律和社会规律的科学语言。数学本身就是一种科学，同时也是一切科学的根基。从数学的发展水平可以窥探社会的文明程度。数学文化中的理性探索精神，同样是科学的探索精神，数学为科学带来了理性的思维方式和探求本质的工具。

（三）数学是科学的语言和思维的工具

数学的文化内涵是对数学知识和能力的高度概括。数学是特有的符号语言，这种语言已经渗透到社会生活的方方面面，它已经成为信息的交流和信息的储存的重要符号。它们不仅大量出现在科学表达和记录的载体之中，更成为一种重要的科学语言。数学也是思维的工具，它是分析问题和解决问题的具有严密逻辑的思想工具。这种工具不仅仅是可靠的，还是一步步深化的。数学逐渐从感性走向理性，闪烁着理性的光芒。数学作为一种工具，使数学科学的内容更加丰富和宽广。数学语言可以摆脱自然语言的模糊性。符号用于表示科学概念是单一的和确定的。

（四）数学带来经济的进步

在日常生活中，数学也像空气一般，时时刻刻包围着我们。它似乎不被注意，不被感知，但却是非常重要的。无论在遥远的外太空，还是在我们平时生活中的方方面面，都蕴含着数学的知识，数学在日常生活和生产中发挥着巨大的作用。哪怕是普通人，他的数学素养，他的数学知识和数学实践能力，也会在不知不觉中影响着他在各个领域的研究与创造能力。正因为如此，人们利用数学改造自然，改善生活，在生活实践中运用才智和经验，极大地促进了经济的飞速发展。数学在经济生活中的运用随处可见，如经济学中经常需要用到数学模型。

二、数学学科的学科地位

我国的现代数学课程改革开始于改革开放之后，40多年来，数学课程发生了很大变化，以教学大纲的调整为标志，体现了我国数学教育前所未有的繁荣景象。我们以某市数学学科课程标准为例，其主要内容如下：数学课程的设计注重于不同学生的学习需求，将课程分为基础型课程、拓展型课程和研究型课程三类课程。

基础型课程根据学生的共同数学需求，提供学生必须的基础知识、方法和技能的基本训练以及与其密不可分的情感、态度和价值观等人文教育。基础型课程的课本内容可分为以下 6 个单元。

第 1 单元："集合、命题、算法初步"。

第 2 单元："方程与代数"，内容包括一元二次不等式、分式不等式、绝对值不等式、矩阵、行列式初步、二元三次线性方程组解的讨论以及与函数密切相关的指数方程和对数方程；"等差数列和等比数列"；"数学归纳法"。

第 3 单元："函数与分析"，内容包括函数的基本性质，幂函数、指数函数和对数函数的图像与性质，任意角的三角比和三角函数。

第 4 单元："数和运算"，内容包括数系的扩充、复数概念、复平面、复数的代数运算。

第 5 单元："图形和几何"，内容包括向量的坐标表示、平面解析几何（直线、圆锥曲线）、空间图形和简单几何体的研究。

第 6 单元；"数据整理与概率统计"，内容包括排列组合、二项式定理、概率初步与统计初步。

基础型课程适合于每个学生，文科学生和理科学生还各有一些定向拓展的学习专题。

"文科数学定向拓展"是人文、社科、技艺类学生必须学习的。内容包括以下几项：

①线性规划（10 课时）；

②优选与统筹法（10 课时）；

③投影与画图，其中包含"斜二测"画法、"正等测"画法、视图（10 课时）；

④统计案例，其中包含抽样调查、假设检验和独立性检验案例（10 课时）；

⑤数学与文化艺术，其中包含数学与音乐、美术和人文研究（8 课时）。

"理科数学定向拓展"是理工、经济类学生必须学习的。内容包括以下几项：

①三角恒等变换，其中包含半角公式、和差化积公式、积化和差公式及其在三角恒等变换中的应用（8 课时）；

②参数方程和极坐标方程（8 课时）；

③空间向量及其运用，其中包含空间向量的概念，空间向量的坐标表示，空间直线的方向向量和平面法向量，利用空间向量计算空间直线、平面的角和距离（16 课时）；

④概率论初步（续），其中包含事件和的概率、独立事件积的概率、随机变量和数学期望、正态分布（10 课时）；

⑤线性回归（5 课时）。

另外，还有任意拓展课程供学生选学，内容是基础课程延伸的数学内容。教师可根据本学校情况帮助学生选定研究型课程的专题。课本提供了一部分探究与实践专题，供研究型课程选用。

可见，数学课程不但在整个课程体系中占据重要的地位，而且是理工科课程的首要内容，它对于培养学生的科学思维品质具有其他学科不可替代的作用。

第二章　当代数学教学的改革

纵观世界各国数学教育改革与发展状况，只有在不断吸收经验和总结教训的基础上，才能对数学教育现代化有一个更加全面的理解。数学教育的现代化，不仅是教学内容的现代化，而且也是数学思想、数学方法与手段的现代化，更是人的现代化。

第一节　国际数学教学的改革

一、国际数学教学改革运动

（一）关于实用数学与近代数学教育观

20世纪，欧几里得（Euclid）的《几何原本》在英国是一切教科书的蓝本。大数学家庞加莱（Poincarfi）曾幽默地讽刺了当时数学教学的失败："教室里，先生对学生说'圆周是一定点到同一平面上等距离点的轨迹'。学生们抄在笔记本上，但是没人明白圆周是什么，于是先生拿粉笔在黑板上画了一个圆圈，学生们恍然大悟，原来圆周就是圆圈啊！"庞加莱对这种数学教育的指责并非无中生有，反而普遍存在，直至现在也并未绝迹。

1901年，培利（J. Perry）顺应时势，在英国科学促进会作了题为"数学的教学"的长篇报告，猛烈地抨击了英国的教育制度，反对为培养一个数学家而毁灭数以百万人的数学精神。

培利指出，数学教育要关心一般民众，取消在当时数学教学环境中具有统治地位的《几何原本》，提倡数学教育要重视实际测量、近似计算，运用坐标纸画图，尽早接触微积分。

培利还归纳并总结了学习数学的理由，主要有以下几点。

第一，可以将数学作为一种学习物理学的工具。

第二，在培养高尚情操的同时，还能唤起求知的喜悦。

第三，学习数学给人们以运用自如的智力工具。

第四，为了考试合格。

第五，使应用科学家认识到数学原理是科学的基础。

第六，数学能够提供有魅力的逻辑力量，可以有效地防止人们陷入从抽象立场出发去研究问题的泥潭。

第七，可以通过学习数学认识到独立思考的重要性，实现摆脱权威束缚的目的，解放自己。

在英国社会各界，培利的观点得到了广泛的支持，英国教育部也在培利所倡导的观点的影响下，将实用数学列入了考试纲目。1902 年，以培利的演说为中心内容写成的《数学教学的讨论》，开始出版发行。

20 世纪初期，在英国以培利为代表的数学教育改革运动拉开了序幕。之后，培利精神开始走出英国，其影响范围得到了进一步扩大。如美国芝加哥大学的莫尔（More），他不但十分拥护培利的观点，还指出了美国数学教育存在的缺点和相应的改革方向，他认为不仅要搞统一的数学，而且还要关注数学和具体现象的联系。

在培利进行数学教学改革运动的同时，德国数学家 F. 克莱因（Felix Klein）继续推动世界数学教育领域的改革。1892 年，他以哥廷根大学为改革中心，围绕着数学、物理学的教育制度、教育计划进行了改革。1895 年，他创建了数学和自然科学教育促进协会。1900 年，他在德国学校协会上，强调应用的重要性，建议在中学讲授微积分。1905 年，由 F. 克莱因起草的《数学教学要目》在意大利的米兰公布，世称米兰大纲，主要有以下几个要点。

第一，融合数学的各分科，加深数学与其他学科之间的联系。

第二，提出了数学教学的基础，即函数思想和空间观察能力；同时也阐述了数学教学的核心，即函数概念和直观几何。

第三，提出了教材的选择和排列标准，即符合学生心理的自然发展。

第四，在数学教学中的形式训练和实用方面，对前者不要过分强调，对后者也应作为重点，以便充分培养学生对自然界和人类社会中诸多现象的数学观察能力。

以培利、F. 克莱因为带头人的数学教学改革：首先，基本精神是追求面向大众，强调"以儿童为中心，从经验中学"；其次，改革的重点是追求数学各科的有机统一，强调数学的实用性；最后，这份米兰大纲是一份面向世界的模范大纲，其中的指导思想活跃于整个 20 世纪，该思想即便到现在仍具有一定的指导意义。

需注意的是，在以培利、F.克莱因为中心的这场数学教学改革运动中强调的实用数学的教学，并不是一种狭窄的实用主义。培利指出："数学教育的根本问题是怎样实现理论数学和实用数学的融合，但是不幸得很，在初等数学范围内这一根本问题仍没有得到解决，即在理论和应用两方面还处于泾渭分明的状态。"为此，培利著作的《初等实用数学》等书应运而生，他在书中反复强调："教儿童学习推理一件事情之前，必先去实行这件事情，从测量、计算、实验得到结果，这样才能培养他的推理能力，并从自己生动的创造中得到快乐。"培利和 F.克莱因的改革对数学教学做出了非常重大的贡献，促进了人们对数学教育改革的思考，不少国家都受益匪浅，但两次世界大战的相继爆发等诸多原因，在很大程度上阻碍了数学教学改革运动，导致第一次改革浪潮最终落幕。

（二）关于新数学运动

1945 年，二战结束后，世界上虽然仍有时断时续的局部战争，但大部分国家都开始集中精力发展经济，并取得了显著的成就。"新数学运动"就是在这样的背景下开始展开的，并且成为 20 世纪最为轰动的一场数学教育改革运动。对这一运动的评价，尤其是这场运动的是非功过，在往后的 30 年间，一直是学者们不断研究与探讨的重要课题。从宏观角度出发，尽管这场运动是以失败告终的，但是其所产生的影响是不容忽视的，对当前的中学数学课程仍有着深刻的意义。

许多人把"新数学运动"的兴起归咎于苏联的第一颗人造地球卫星上天，其实并不尽然，早在 20 世纪 50 年代初期，"新数学运动"就已经被美国应用于战后数学教育计划之中，并且其最初的想法主要基于下面两个方面的变革。

1.数学本身的变革

第二次世界大战后兴起了布尔巴基学派，该学派一方面推动了数学越来越抽象化、公理化、结构化，另一方面将古典几何的内容排除在现代数学之外。基于以上两种情况，许多数学家都认为应该彻底改革中学数学教学课程，也就是通过现代数学的思想方法和语言，来重建传统的初等数学，并引进新的现代数学内容。

2. 课程观念上的转变

在现代心理学领域中，以皮亚杰（Jean Piaget）为代表人物的结构主义学派发现数学的认知结构与知识结构十分相似，这一发现在很大程度上影响了数学教育的改革。自此之后，数学教育专家们开始重新正视对数学的理解，并且将"如何教"作为重点研究内容。同时，他们也意识到传统数学课程主要有以下两方面的不足。

第一，在教学中，没有充分重视数学的逻辑结构和系统性，人为地对教学课程进行了分割，也没有注意到课程组成之间的合理性和连贯性，使数学课程的各部分互不相通。

第二，过于重视运算技巧，在学习数学的过程中缺乏对数学的理解，形成了死记公式、模仿例题的学习模式。

在以上课程思想的影响下，人们开始考虑制定新的数学课程。

在美国、欧洲推进数学教育现代化之后，非洲、拉丁美洲等地区也相继成立了地区性机构，通过召开会议来推进新数学运动。随着开展新数学运动的国家及地区越来越多，该运动终于在 20 世纪 60 年代迎来了高潮。

（1）新数学运动的优点

"新数学运动"给数学教育带来了许多新景象，主要体现在以下几点：

①课堂教学组织更为灵活；

②数学被作为一个开放体系呈现；

③数学概念通过螺旋式方式呈现；

④把兴趣作为激励学生学习数学的主要动机；

⑤学生更多地采用发现和基于问题的方式学习数学；

⑥教学中更多地强调概念的理解，以及归纳法和演绎法的相辅相成；

⑦从被动地接受解释性的教学逐步变成以问答式来学习数学；

⑧大量运用图像和各种直观传播物，推动"数学教学心理"的相关研究。

（2）新数学运动的缺点

尽管如此，在实施新数学运动的过程中也难免会暴露出一些缺点，如下所示。

第一，只面向优等生，没有重视不同程度学生的需要，尤其是一些学习困难的学生。

第二，只重视教学内容上的理解，没有重视基本技能训练，同时，过于强调抽象理论，而忽视了实际应用。

第三，过于强调现代数学内容，使教学内容失衡，主要表现在花费大量时间在一些抽象、庞杂的教学内容上，导致整体教学时间不足，学生负担过重。

第四，忽视对教师的培训工作，教师的教学素质得不到提高，导致教师难以胜任新课程的教学。

正是由于存在这些致命的弱点，导致数学教育质量普遍降低，不少教师和学生家长也对"新数学"感到陌生和迷惑。实践证明，"新数学"离实际太远，这就使得"新数学运动"渐渐丧失社会的支持，但这并不是说就能全盘否定它的价值。

自1970年起，以美国数学家克莱因（M. Kline）、法国数学家托姆（R. Tome）为代表的专家学者猛烈抨击了"新数学运动"，随着这种抨击的愈演愈烈，20世纪70年代后期，"新数学运动"已呈现一派衰退之势，并被"回到基础"的口号所取代。

3. 回到基础和大众数学

"新数学运动"之后，人们认真总结并思考了数学教育改革。20世纪70年代，人们又提出了"回到基础"的口号，相较于轰动一时的"新数学运动"，"回到基础"这一观点在展开的过程之中，可以说是相当低调，不仅没有出现响亮的口号，而且也没有出现统一的纲领。

20世纪80年代以来，数学教育领域处于空前活跃的状态，随着数学课程理论研究的深入，各国均以建立适应新世纪数学教育为目标，根据各国的具体情况，提出了各种课程改革方案与措施，涌现了很多对当前及未来数学课程改革有益的新思想和新观念。这些思想和观念可以概括为以下内容。

（1）以大众为数学目标

数学应成为未来社会每一个公民应当具备的文化素养，学校应该为所有人提供学习数学的机会。大众意义下的数学教育体系建设所追求的教学目标应是使每一个人都能通过学习掌握有用的数学，下面来介绍数学为大众所包含的基本含义。

第一，人人掌握数学。可以通过诸多措施来实现这一目标，即"大众数学"意义下实现人人掌握数学的首要策略就要做到将教学融入学生的现实生活，使学生能够在日常生活中学习数学、发展数学。

第二，人人学有用的数学，也就是说没有用的数学，即使它能被所有人接受，也不应该将其带入课堂之中。"大众数学"意义下的数学教育，首先是要使学生学习那些既是未来社会所需要的，又是个体发展所必需的数学；其次是要使学生学习那些既对走向社会适应未来生活有帮助的，又对开展智力训练有实用价值的数学。

在学者们看来，大众数学基本目标的实现在很大程度上取决于课程的设计与实施。大众数学意义下的数学课程改革，不能只单单通过简单地增加或删减现行教材来实现，最重要的就是寻求新的思路，概括起来有以下三点。

第一，教学改革的目标是使学生不管是在活动中，还是在现实生活中，都能学习数学、发展数学。

第二，数学教学内容的呈现要适应学生的年龄特征，要以大众化、生活化的方式来呈现。

第三，教学内容主线的选择和安排，要反映未来社会公民所必需的数学思想方法。

（2）以"问题解决"为核心

1980 年 4 月，美国数学教师协会提出，要将"问题解决"放在中学数学教学的核心位置。同年 8 月，该协会又提出中学数学教育行动计划的建议，主要有以下几点。

第一，数学教师在课堂环境中要注重营造"问题解决"的氛围。

第二，对各年级都应提供解决问题的教材。

第三，数学课程应围绕问题的解决来进行组织。

第四，数学教学大纲应注重数学的应用，提高学生解决问题的能力。

时至今日，"问题解决"这一观点已经成为数学教学上的一种世界性教育口号，这一口号得到了前所未有的支持，并且在数学教学领域起着中流砥柱的作用。"问题解决"作为数学教学的核心，其内涵已经有了实质性的变化。关于"问题解决"的含义可以从以下三个角度进行解析。

第一，基本技能。"问题解决"是一项基本技能，与我们对"问题解决"的传统理解相统一，但它并不是一种单一的解题技能，而是一种综合技能。"问题解决"所涉及的内容包括对问题的理解、数学模型的设计、求解方法的寻求以及对整个解题过程的反思与总结。

第二，数学活动过程。"问题解决"是存在于教学活动之中的，它要求在进行数学教学时，不能只传授一些简单的知识，而应让学生体验通过现实中的数量关系来数学化解决问题的过程，通过体验这一过程以掌握解决问题的策略与方法，掌握学习的方法，从而培养并发展信息的收集与使用能力。

第三，数学教学的目的之一。注重培养"问题解决"，以便学生掌握解决问题的能力。其根本目的是通过在教学中进行解决问题的训练，使学生能够适应时代的竞争，培养学生不管是在未来竞争中，还是在信息生活中，都应具有生活、生存等能力。当"问题解决"作为一个目的而存在时，它就会独立于特殊数学问题与具体解题方法，这种观点势必会影响数学教学的课程设计，并对教学实践具有指导作用。

"问题解决"的理论研究正在深化，教学指导思想已逐步渗透到许多国家的教学实践之中。美国数学教师进修协会拟订的《中学数学课程与评价标准》把"问题解决"作为评价数学课程和教学的第一条标准，英国的数学课程也贯穿着"问题解决"的精神。"问题解决"理论不再具有"公理定义、定理、例题"，这种纯形式化的叙述体系，渗入了更多的非形式化的以解决问题为目标的学习活动。在英国的 SMP 教材系列中，有一册名为《问题解决》的学生用书，该书包含数学探求、组织、数学模型、数学论文、新的起点等方面内容，目的是想告诉学生如何处理所遇到的数学问题，另外，中国式的"问题解决"也有大量问题亟须引起关注，鉴于这样的国际背景，我国数学教育界也采取了相应的行动，编写了一本并非以应付考试为目的的《中学数学问题集》，作为学生的辅导读物，对中学数学教学产生了一定的积极影响。

二、国际数学教学改革的特点

（一）强化中小学数学课程目标

第一，强调数学对发展人的一般能力的价值，而淡化了纯数学意义上的能力结构，重在可持续发展。

第二，世界各国的课程标准均有一个显著特点，即重视问题的解决。

第三，强调数学交流是世界各国在课程发展方面的新趋势。数学交流是数学教育中的一个重要内容。数学作为科学语言的一种，能带给人们一种有力、简洁和准确的信息交流手段，同时，也是一种用于人际交流和学术交流的工具。因此，对学生来说，不仅要加强自身的数学语言转化能力，而且还要能够通过数学语言来准确、简洁地表达自己的观点和思想。

第四，加强计算机的应用，随着计算机的普及，计算机技术已经成为一种十分有必要掌握的技术。

第五，注重数学应用和思想方法，世界上大部分国家都十分重视培养学生解决实际问题的能力，倾向于让学生在掌握所要求的数学内容的同时，形成一些有助于培养人的素质的思想方法。

第六，增加具有广泛应用性的数学内容，从学生的现实生活中发展数学，增强实践环节是各国课程标准的共同特点。

第七，在数学教学中增强数学的感受和体验。使学生在体验做数学题的乐趣的同时，培养学生的自信心，这是数学教学的一个重要目标。

在过去的教学模式中，教师往往偏重成绩好的学生而忽视不同学习程度的其他学生，没有以学生的不同需求来设计课程，以使学生能够在综合考量自身程度、兴趣以及未来规划的基础之上进行课程选择。这一意见是由汉斯·弗赖登塔尔（H. Freudenthal）在 20 世纪 80 年代提出来的。1986 年，国际数学教育委员会在科威特召开了关于"90 年代中学数学"的专题讨论会，该会议将"人人都要学的数学"放在了首要位置。

（二）强化数学教学内容设置

第一，教材应面向实际问题与日常生活问题的解决。首先，要注意提出问题、设计任务等方面的内容设置。其次，要注重数学这一学科与其他学科之间的联系。最后，在应用数学解决问题时，要注意培养学生学习数学、理解数学的能力。

第二，数学教材中的数学活动材料的选取，一方面，要注重在教材内容中增加对学生探索、猜想等活动的引导；另一方面，要加强对学生数学能力的培养。

第三，加强几何直观，特别是对三维空间的认识，降低传统欧氏几何的地位，用现代数学思想处理几何问题。

第四，数学教科书素材的出处，应当是源于现实的。这里的"现实"，既可以是学生在自己的生活中所能够看到的、听到的，或者感受到的事实，又可以是他们在数学或其他学科学习过程中能够思考或操作的、属于思维层面的现实。总而言之，学习的素材最好是存在于自然、社会与科学之中的某些现象或问题，并且在其中能够体现一定的数学价值。

第五，注重新技术对数学课程的影响，从新技术带给数学的深刻变化出发，重新审视教学中应选取的数学内容。较早引入计算器、计算机，发挥现代信息技术手段在探索数学、解决问题中的作用。

第六，注意呈现形式的丰富化。教科书应根据不同年龄段学生的兴趣爱好和认知特征，采取适合学生的多种表现形式。

第七，加强综合化和整体性，使学生尽早体会数学的全貌，注重渗透现代数学的思想方法。

第八，课程结构既适应"数学为大众"的潮流，又强调"个别化学习"。

第九，课程内容的安排一般是呈螺旋式上升的，或者也可以采取适于因材施教的"多轨制"，而不是"一步到位"。对重要的数学概念与思想方法的学习应逐级递进，以符合学生的数学认知规律。

第十，内容设计更加弹性化。关注不同学生的数学学习需求，考虑到学生发展的差异和各地区发展的不平衡性，在内容的选择与编排上应该体现一定的弹性，可以有一些拓宽知识的选学内容，但不片面追求解题的难度、技巧和速度。

21世纪，随着经济的迅猛发展，全球化和信息化特征日益明显。随着信息技术的不断发展，社会数字化发展程度日益提高，要求人们掌握更高的数学素养。在知识经济时代，数学将会得到广泛普及。数学不仅能够影响人类的生存质量，而且还紧密联系社会的发展水平，这就需要人们重新审视数学及其教育。我们坚信随着社会的进步以及数学的发展，一个崭新的数学教育新时代正处于孕育阶段，并终将会出现。

第二节　我国数学教学的改革

一、我国数学教学改革的历史轨迹

自新中国成立以来，我国数学教育教学经历了多次较大规模的变革。

新中国成立之初，根据"学习苏联先进经验，先搬过来，然后中国化"的方针。1952年7月，以苏联十年制学校数学教学大纲为蓝本，编订了《中学数学教学大纲（草案）》，并且这一草案分别于1954和1956年进行了适度调整。这一时期，我国的中学数学教育教学全面学习苏联，随后建立了中央集中领导的教学大纲，并且这一大纲与教材实现了全国统一。这个课程体系奠定了当时我国中学数学教育教学的基础。苏联的数学教育在发展过程中也是随着数学教学改革的主流而发展的，因此，我国的数学教育尽管起步较晚，但还是绕道跟上了世界潮流。当然，这其中也不可避免地出现了一些弊端，如机械地模仿苏联的一些做法等。

1961年和1963年，在中央"调整、巩固、充实、提高"的方针指引下，教育部先后两次修订了教学大纲。

1978年，在中央"精简、增加、渗透"六字方针的指导下，教育部制定了《全日制十年制中小学数学教学大纲》，精选了一些必需的数学基础知识，删减了一些用处不大的传统内容。

1983年，邓小平同志为北京景山学校题词："教育要面向现代化、面向世界、面向未来。"教育部也提出了关于进一步提高中学数学教学质量的意见。

随后，全国数学教育领域，特别是初中数学教学掀起大面积提高教学质量的高潮，许多数学教育研究者、中学数学教师就如何提高数学教学质量、如何培养学生的数学能力，进行了改革数学教学方法的探索与实验，并取得了丰硕成果。这些改革实验中较有影响力的就是上海市青浦区的数学教学改革实验，这些成果为此后的数学教学与数学教学改革打下了坚实的基础。

1985 年 5 月，党中央、国务院召开全国教育工作会议并颁布《中共中央关于教育体制改革的决定》。1986 年 4 月，国务院制定并颁布了《中华人民共和国义务教育法》，正式提出基础教育要从应试教育转变为素质教育。1988 年，《九年制义务教育全日制初级中学数学教学大纲》正式颁布，强调初中阶段的数学教学不仅要教给学生数学知识，还要揭示思维过程；强调数学思想方法的渗透；强调培养学生的运算能力、逻辑推理能力、空间想象能力，以及分析问题、解决实际问题能力。

为了衔接好初、高中，1996 年教育部制定了与《九年制义务教育全日制初级中学数学教学大纲》配套的《全日制高级中学数学教学大纲》，与原大纲相比较，不管是在知识、技能、意识方面，还是在能力、个性品质方面都有所变化，并于 1997 年在山西省、江西省、天津市的高中进行了一个教学周期的试验。2000 年在修改了高中教学大纲、教材之后，逐步推向全国，2002 年秋季扩大到除上海以外的所有省、自治区、直辖市。

21 世纪，世界各国掀起了以课程改革为核心的基础教育改革，之所以称课程是教育改革的核心，是因为它是学校培养未来人才的蓝图，是教育理念、教育思想的集中体现，是影响教师教学方式与学生学习方式的重要因素，基础教育课程改革成为世界各国增强国力、积蓄未来国际竞争力的战略措施，在这样的背景下，我国基础教育在世纪之交又迎来了一次变革的浪潮。

新一轮数学课程改革发端于 1990 年代初。当时，国内一些数学教育工作者开始全面反思和研讨我国数学教育的现状和未来，并形成了《21 世纪数学教育展望》《数学素质教育设计》等研究成果；上海市于 1990 年制定了上海市中小学数学课程标准，并先期进行了课程改革实验。当然。本次课程改革在全国范围内的正式启动，还是开始于成立国家数学课程标准研制小组。

进入 21 世纪以来，随着计算机技术以及互联网技术的发展，为巩固 20 世纪 90 年代以来的数学教育改革成果，以及为应对高等教育由精英阶段步入大众化阶段的现状，教育部提出要建设一批精品课程，其中，《高等数学》被评为首批国家级精品课程。随后，教育部也修订了数学教育的基本要求，明确指出数学不仅是一种工具，而且还是一种思维模式；不仅是一种知识，而且还是一种素养；不仅是一种科学，而且还是一种文化。

二、我国数学教学改革的总结评价

（一）教师教学观、学生观的转变

多年以来，我国教学教师的教学观念经历了由传统数学教学观念转变为现代数学教学观念的历程。其中，涉及的转变内容相当繁多，例如，从选拔转向发展、从管转向导等，这些新的教学观念在很大程度上影响并指导了数学教师的教学实践。

（二）改革教学模式和教学方法的实验

在我国教改领域中，成果最显著的研究就是教学方法的改革实验研究。为使数学教学克服传统教学方法的弊端，培养学生适应新形势的要求，在教学中普遍注重发挥学生的主体作用和教师的主导作用，重视知识的发生过程，注重开发智力和培养能力，因此，我国各学校为实现教学目的而进行了教学方法的改革实验，总结出了各种行之有效的教学方法，如"读读、议议、讲讲、练练"八字教学法以及"学导式"教学法等。

在数学教学改革实验中，具有显著效果的教学方法有以下几种：

第一，与其他众多的教学方法相比，数学教学改革实验中的特殊教育方法占有重要地位，尤其是在转化数学后进生方面具有十分显著的作用；

第二，在我国各地数学教学中施行的分层教学法、目标教学法，也是成效显著的；

第三，我国国内已有教改实验证明，"EQ（情绪智商）教育"为解决数学后进生问题提供了一条好的途径。

在数学教学中开展 EQ 教育，一方面，不仅可以使学生在认识自我、对待成功与失败等方面树立正确的意识，而且还可以促使学生树立自信心；另一方面，不仅有利于学生顺利进行合作与交流，而且还能均衡发展学生的 EQ（情商）水平和 IQ（智商）水平。

（三）改革课程建设和教学内容的实验

自 20 世纪 80 年代以来，围绕数学的课程建设和教学内容开展了各种改革实验，我国已有很多进行教材改革的实验种类，编写的实验教材也各具特色，这些教材不但包括部编十年制教材和六年制重点中学教材，还包括受原国家教委委托，由北京师范大学牵头，根据美国加州大学伯克利分校数学系教授项武义的"关于中学实验数学教材的设想",组织、编写的《中学数学实验教材》；中国科学院心理研究所研究员卢仲衡主持的"中学数学自学辅导实验"。

进入 90 年代以后，世界各个国家的课程体系都围绕数学教育的新思想、新观点，进行了很大程度的改革。1999 年 6 月中共中央、国务院做出的《关于深化教育改革全面推进素质教育的决定》，教育部明确提出：整体推进素质教育，全面提高国民素质和民族创新能力。

（四）对教学理论开展的研究与总结

围绕数学教学理论，我国数学教育工作者开展了数学教育理论的研究、总结。应该明确，数学教学改革取得成功和进展，需要注意以下几项内容：

第一，必须是以符合我国国情的数学教育理论的研究成果为指导，才会使数学教学改革取得成功；

第二，随着教学改革的深入开展，在这一过程中形成、积累和总结的新经验在不断深化并完善着我国的数学教育理论研究，最终形成具有我国特色的数学教育学科；

第三，20 世纪 80 年代以来，国际竞争日益激烈，为了更好地实现数学教学改革，适应我国社会主义现代化建设的需要，赶上世界先进水平，我国数学教育工作者在"教育要面向现代化、面向世界、面向未来"方针的指引下，不但增加了国际学术交流活动，引进了国内外诸多数学教育理论，而且还在全国范围内开展了大量数学教学改革的问题研究，并取得了一定成果。

1. 研究成果

可以从以下几个方面来概括数学教学改革的研究成果：

第一，研究现代数学教育理论和我国的数学教学经验，建立具有中国特色的数学教育学；

第二，在数学教学中，发展学生的智力和培养学生能力的理论与实践；

第三，开展中学数学课程的内容与体系改革的实验与研究；

第四，研究和比较各种现代数学教学的理论和方法；

第五，研究各种现代数学学习理论和数学教育心理学；

第六，探索大面积提高中学数学教学质量的理论、方法、途径及有效措施；

第七，研究计算器的使用、计算机辅助教学等问题；

第八，研究数学教育评价和考试命题科学化的问题；

第九，研究中学数学现代化的问题；

第十，研究数学教学的最优化问题；

第十一，研究问题解决与创造性学习的问题；

第十二，研究数学史、数学思想史的作用问题；

第十三，研究数学教育实验问题；

第十四，研究数学文化与民族数学的问题。

2. 教育工作的开展

可以从以下四个层面上开展研究工作：

第一，教育科学，主要是指在数学与教育方面强调科学的有机结合，例如，数学教学论、数学学习论等诸多学科内容上的理论与实践；

第二，思维科学，是指数学教育中的思维和逻辑，以及电子计算机与数学教育方面上的内容；

第三，数学思想与方法论，诸如思想发展史、数学方法论等；

第四，数学科学，诸如传统的初等数学研究等。

在 20 世纪 90 年代，中央提高了教育的战略地位，对数学教育体系的建设提出了要求，即不仅要符合中国国情，而且还要做到更加科学、更加现代化。中国的数学教育存在许多优点，诸如重视基础训练等，同时，其缺点也是如影随形，诸如学生负担过重、热衷升学等。在我国考试文化的影响下，我国的数学教学往往忽视培养学生的数学应用与数学创造能力，片面追求升学率，阻碍了我国数学教育的改革。

自改革以来，国内成功的数学教育经验真正上升为理论的不多，国外的数学教育科研成就真正能加以运用、吸收，并符合我国国情的也为数不多。特别是我国当前的数学教学还存在相当一部分的忧虑和困惑，诸如怎样克服"题海战术"，从而加强学生在数学思想方法方面上的培养等。

综上所述，我国数学教育体系要想在新形势下实现进一步完善和发展，首先就要从理论和实践两方面来解决数学教学中的问题。

第三节 建构主义与当代数学教学改革

一、建构主义的基本内容

建构主义的发展受到了当代哲学思想的影响，诸如科学哲学思想以及后现代哲学等。在学习与教学领域，建构主义主要受以下几个人物思想的影响。

第一，受到杜威（John Dewey）的经验性学习理论的影响。杜威主张教育必须以经验为依据，教育是经验的成长和改造，是经验的一种发展过程，是一种探索新知的过程，学生从经验中产生问题，而产生的这些问题不仅可以激发他们探索知识的动力，而且还可以促进新观念的产生。

第二，受到维果茨基（Lev Vygotsky）思想的影响。他主张个体的学习是基于一定的历史、社会文化的，社会可以对个体的学习发展起到重要的支持和促进作用。维果茨基注重学生原有的经验与新知识两者之间的相互作用。一方面，他提出将学习者的日常经验称为自下而上的知识；另一方面，他将学生在学校里学习所得到的知识称为自上而下的知识。自下而上的知识，只有与自上而下的知识相联系，才能形成自觉的、系统的知识；而自上而下的知识，只有通过与自下而上的知识相联系，才能获得成长的基础。此外，新经验的进入又会使原有的经验发生一定的改变，使它得到丰富、调整或改造，这就是双向的建构过程。

布鲁纳（Bruner）发现学习、认知心理学中的图式理论、新手—专家研究等都对当今的建构主义者有重要的影响，许多建构主义者都很重视社会性相互作用在学习中的作用。

合作学习与交互式学习主张通过社会性相互作用来进行一种情境性学习，并且这种学习是以情境性认知理论为基础的，但是，它与建构主义思想之间存在着非常紧密的联系。该理论主张学习应解决生活中的实际问题，同时，学习效果的检验与评估也应该在具体情境之中进行。

在这种教学中，教师的任务是建立学生的团体，并针对该团体设置任务，即学生要探索的问题。关于问题的设计，不仅要注意反映某学科的关键内容，而且还要综合考量学生现有的知识经验，使学生能够看到所具有的现有知识与新知识之间的联系。在这一学生团体中的成员均要互相分享自己探索的结果，解释自己在探究过程中所采用的方法，同时也要倾听他人的想法，借鉴他人探索的成果。教师也要向学生提供一定的信息，不宜过多，否则就会限制和妨碍学生的探索活动。

二、建构主义对数学教学模式的影响

（一）对教学模式构建的影响

近年来，建构主义学习理论对新教学模式的构建产生了很大影响。随着建构主义的发展，不仅形成了一种全新的学习理论，而且也在朝着一种全新的教学理论发展。建立以建构主义学习理论为依据的新型数学教学模式，是建构主义教学理论研究深入发展的必然。

建构主义学习理论，倡导教师指导下的、以学生为中心的学习。该理论主张的教学目的，在于帮助每一位学生进行有效的学习，使之得到尽可能充分的发展。教学是以促进学习的方式，对学习者的行为产生一定影响的一系列行为，但应更多地视为是一项人际互动的过程。建构主义学习环境包含四大要素，分别是情境、协作，以及会话和意义建构。这样，就可以将与建构主义学习理论以及建构主义学习环境相适应的教学模式概括为"以学生为中心，在整个教学过程中由教师起组织者、指导者、帮助者和促进者的作用，利用情境、协作、会话等学习环境要素充分发挥学生的主动性、积极性和首创精神，最终达到使学生有效地实现对当前所学知识的意义建构的目的"。

关于新的教学模式，主要内容如下：

第一，在新的教学模式中，学生学习数学的过程不再是作为外界信息刺激的被动接受者，而是知识意义的主动建构者；

第二，在新的教学模式中，教师不再是一个"传道、授业"的知识灌输者，也不再是权威和领导，而是作为组织者、指导者，另外，教师还是学生在学习数学过程中进行意义建构的促进者和助手；

第三，在新的教学模式中，教材所提供的数学不再是教师上课诵读、宣讲的对象，而是被看成教学的材料，看成学生主动建构意义的对象；

第四，在新的教学模式中，教学媒体不再是辅助教师传授数学知识的一种手段、方法，而是用于创设情境，帮助学生进行协作学习、会话交流，以及发现问题，进行探究的一种辅助工具。教师通过合理运用教学媒体可以实现教授知识的再创造、再发现。

建构主义学习理论加深了人们对数学学习理论的理解，有力地促进了数学教学论的发展。基于建构主义理论的教学模式，无一不在显示着强大的生命力。现代数学哲学的研究，有力地推动了数学教学模式的发展，特别是文化观的数学哲学观、数学方法论的研究。现代数学哲学对数学认识的不断深刻，包括逻辑主义、直觉主义以及形式主义、结构主义，直接影响了数学教学的模式。数学思想方法（MM）教学模式，就是其典型的产物。

（二）对数学教学改革的影响

认知灵活性理论作为建构主义的一个分支，它反对传统教学机械地对知识做预先限定，让学生被动地接受；但同时它也反对极端建构主义只强调学习中的非结构的一方面，忽视概念的重要性。它主张一方面要提供建构理解所需的基础，同时又要留给学生广阔的建构空间，让他们针对具体情境采用适当的策略。

1. 结构不良领域

数学教学中一些问题的解决过程和答案均是很确定的，只要直接套用计算法则或公式，就可以解决，这种情况可称为结构良好领域的问题。但是，这种情况在现实生活中并不常见，现实生活里的许多实际问题常常没有这样确定的规则来解决，不能简单套用原来的解决方法，而需要面对新问题，在原有经验的基础上重新分析，这就是结构不良领域的问题。这一领域主要存在以下两个特点：

第一，实例间的差异性，在同类的各个具体实例中，所涉及的概念及其相互作用的模式有很大差异；

第二，概念的复杂性，主要体现在知识应用的每个实例中，均存在诸多应用广泛概念的相互作用。

综上所述，我们不可能靠将已有知识简单提取出来去解决实际问题，而是需要根据具体情境，以原有的知识为基础，构建一种能够用于指导问题解决的图式，其中需要注意的是，不能单以某一个概念原理作为基础，而是要综合考量多个概念原理，在大量的经验背景之上通过共同作用来更好地解决问题。

2. 适合高级学习的教学

随机通达教学，主要是指在学习过程中，对意义的建构可以从不同的角度入手，从而获得不同侧面的理解。在解决实际问题时，在利用已有知识的同时，还存在概念上的复杂性和实例间的差异性，对任何一种事物的简单理解均会出现忽略某些方面的现象，此时换一个情境、角度来分析，是非常重要的。

将随机通达教学应用于合作学习与交互式教学的知识建构中，学习者与物理环境互动，通过与客体的活动来促进知识的增长。无论是学习者之间，还是学习者与教师之间的社会性相互作用，都是知识建构的重要侧面。许多建构主义者都很重视社会性相互作用在学习中的作用，而社会性建构主义者尤甚。他们主张以社会性相互作用来促进对学习的教学构想。

（1）合作学习

作为一种学习形式，合作学习广受研究者的重视，尽管合作学习有着丰富多样的形式，但它们都存在一个共同之处，那就是使学生通过小组的形式来进行学习，以互相帮助的方式来完成学科性材料的学习。

合作学习的含义非常广泛，包括协作、小组学习等诸多形式。但是，它强调集体性任务，强调教师放权给学生小组，这便把传统教学中的一些学生小组活动排之于外。合作学习的关键之处在于小组成员通过相互依赖、相互沟通，通过彼此相互合作，共同负责，从而达到共同的目标。

（2）交互式教学

该观点最早由维果茨基提出，之后又得到了进一步的研究和发展，形成了一种教学模式，即以支架式教学思想为基础来训练学生的阅读策略。交互式教学主要有以下两个特点：

第一，着眼于培养学生以特定的、具体的用以促进理解的策略；

第二，这种教学方式以师生之间的对话为背景，将阅读理解的策略划分为两类，即增进理解和监控理解，将训练的重点放在四种理解策略上，分别是总结、提问，以及阐释和预测。

3.情境性学习

尽管该学习方式的基础是情境性认知理论，但是它与建构主义思想有着紧密关系。这一理论主张，学习应从解决现实生活中的问题入手，不管是学习解决的过程，还是评估学习的效果，均应在具体的情境中进行。以下是情境性学习的两种理论。

（1）认知学艺理论

这一理论主张在真正的现场活动中，通过获取、发展和使用认知工具来进行特定领域的学习。在这种学习中，每个学习者的活动叙述对情境性学习和知识的社会性建构来说，都是十分重要的。知识的传递和发现过程对学习者的叙述起着非常重要的作用。此外，合作学习也是认知学艺理论中的重要组成部分。以下是促进合作学习的策略：

第一，既要指出无效策略，又要指出错误概念；

第二，展示多种角色；

第三，提供合作学习的技能；

第四，合作性的问题解决。

（2）锚式情境教学理论

这一理论主要是指教师将教学重点置于一个宏观情境中，引导学生通过情境中的各种资料去发现问题、形成问题，最终解决问题，让学生将数学或其他学科解题技巧应用到实际生活的问题中。

锚式情境教学的用意，就是使学生在有意义的问题解决情境中学习，使教学定锚于或处于某种情境下，同时也使教师能使用认知学艺理论的教学策略来促进学生的学习。教师逐步引导他们形成一些概念和理论，从而使学生可以用自己的理解方式去体验和思考问题。学习者在处于锚式情境教学过程中，主要是通过合作学习，在问题的解决中进行学习。相关建构主义者针对改革教学提出了非常多的教学设想，尽管如此，其基本的、核心的思想均是通过"问题解决"来学习。

在课程及教学中，应该给学生的是一些问题、两难选择或提问，这并不是要使学生体验到挫折，感受到某学科的难度，而是要鼓励学生就所学的内容提出问题，明确问题，从而激发起他们的好奇心，引发他们的理解活动。在这种教学中，教师的任务是要建立一个学生的团体，从而能让学生在这个团体中共同提出问题，共同解决问题。教师的一个重要职责是为学生团体设置任务，即要探索的问题。

第四节　数学建模与当代数学教学改革

一、数学建模

教学建模，是指教学的模式化研究。紧密结合教学理论与实践，不仅是教学理论在教学中的应用，而且还是教学经验的系统化、理性化的概括。近年来，这一研究方法成为教育教学研究中的一种重要方法。

就数学教学研究而言，总体上来讲，目前从一个方面、一定范围以及特定的条件下对数学教学问题（方法）进行研究的较多，总体构建的较少，还处于一种混沌、无序状态。数学教学进行模式化研究，有助于进一步澄清数学教学中的问题，提升数学教学研究理论水准，为教学实践者提供较为直接广泛的帮助和指导。

许多教师对数学课堂教学模式的改革与重建进行了大量的探索和研究，从总体上来讲，系统深入研究的不多。对整个数学教学模式进行系统的、多视角的认识，可以避免对教学模式简单、单一、僵化的认识。一方面，在无序到有序的建构模式中，宏观研究了模式的基本理论、模式的建构，以及相关分类方法。另一方面，考虑数学的本质，以及中国传统文化，重新审视我国存在已久的传统数学教学模式，对理论基础和实施条件进行深入系统的分析。

模式的构建并不是目的，而是一种升华。在借鉴后现代的教学理念之后，许多教师提出了一种观点，即教学要超越模式，走向"无模式化"教学，这也是该研究贯穿始终的一个基本理念。"无模式化"不是对教学模式的否定，而是对教学模式的强调和重新解读，具体如下：

第一，在调查实验的基础上提出构建数学教学模式的方法和实施步骤；

第二，在数学教学模式方面，不仅要分类研究，而且还要进行实验性研究；

第三，从数学哲学等诸多学科的角度入手，深入探讨数学教学模式的理论基础；

第四，借鉴后现代思想的精华，并且论述了无模式化教学思想；

第五，提出了教师专业化成长中教学模式研究与运用的策略。

二、无模式化教学

随着科学的发展以及观念的变革，直接影响到了人类的精神，使其发展到了一个相对宽容的新境界。后现代的思潮已极大地影响了当代科学、哲学、艺术，并带来了教育领域里的一场"革命"。现代性以牛顿、笛卡儿理论为基本范式，他们持有的观点是：现实受规律支配，教学中不仅强调权力与控制，还强调模式的预计。而后现代则认为现实是无序的，而且是不确定的，强调教学过程的生成性等观念，反对"模式化"教学。

科学技术的发展是人类进步的先声，后现代思潮对数学教学模式的研究不无启示。知识经济时代需要什么样的数学，如何顺应时代的发展，汲取后现代思想的精华，对现有的数学教学模式进行"重构与超越"，成为数学教学模式研究的一个新课题。对现有数学教学模式的重构与超越，既不彻底否定，也不作为理论进行分析。因为从后现代理论来看，解构运动首先是肯定性的运动，不是拆毁或破坏，而是提供一种"双重写作"和"双重阅读"，在人们往往认为是统一的文本中，读出不一致和混乱，倡导视角主义多元论，有意避免思维视角的单一和僵化。因而对数学教学模式的重构与超越正是通过对整个数学教学模式进行系统的、多视角的重新解读，避免对教学模式简单、单一、僵化的认识。

就数学教学模式发展而言，同一般的自然系统具有一种共同的特性，通常经历刻板的重复运动，然后在某一重要的关头出现一种全新的行为。在此，这一全新的行为，不再是规则的，表明模式消失了，但仍存在一种模式，肉眼看不到它，也不是简单的对称的模式。事实上模式不仅存在于运动本身，也存在于对运动图式的抽象之中。这种数学教学模式，不仅是肉眼看不到的，也不是一种简单对称的模式，而是一种对一般模式的超越。经过分析可知，数学教学模式不管是理论的发展，还是理论的实践，均体现了这种后现代精神。无模式化是一个教学模式优胜劣汰过程下的结果，简单的模式被淘汰，新生的复杂高级模式逐渐形成，正是由规限到自由超越模式，最终走向无模式化，并成为一种教学的最高境界。

无论作为个体的人还是社会的人，都不能简单地看成是一个孤立的存在，不可否认的是，人总是生活在一定的文化模式中，在创造并承袭着各种文化的同时，也受到各种文化的制约。深层次考察数学教学模式，尤其是对"无模式化"教学这一理论的理解，必须作出一种深入的分析。

（一）数学教学与后现代教学观

传统的教学理念遵循的是笛卡儿、牛顿为代表人物的实证主义的范式，随着时代的发展以及信息时代的到来，此范式对教学的理解和解释受到了来自后现代思想范式的冲击，主要表现在对工业时代教学观的批判性质疑。后现代主义教学观这一思想范式认为："自然本身是由灵活的秩序所组成的，秩序和混沌不是完全的无法改变的对应，而是彼此相互联系的。"

我们正处在一个库恩所言的范式革命的时代，20世纪60年代，产生于数学与物理学领域的混沌理论，它与相对论、量子论一起被誉为20世纪三大科学革命。混沌理论之所以首先在数学和物理学中产生，这是因为量子物理学不满于牛顿主义的机械决定论对物理现象的解释。混沌隐含着这样一个悖论，即这是一个局部的随机与整体模式中的稳定混沌科学所揭示的混沌系统规律，从某种程度上改变了传统教学观。教学系统不再被看成是一个简单的线性系统，而是一个多元的、多变的复杂系统。系统的结构和功能，不是机械论的"简单相加"和"被动反应"，混沌系统存在两个相反行为的吸引子，即收敛性吸引子与混沌吸引子。收敛性吸引子起着限制系统运动的作用，使系统的性态呈现出静态的平衡性特征。在教学系统中，教学目标、总体要求就属于这类吸引子，应该重视其作用以及在教学过程中的贯彻落实。混沌吸引子的作用在于使系统偏离收敛性吸引子的区域而导向不同的性态，它通过诱发系统的活力，使其变为非预设模式，从而增强系统的创造性。

在课堂教学中，学生个性发展的可能性、创新情意、奇想，便是混沌吸引子。在数学教学的过程中，教师的教与学生的学之间，不是一种清晰的因果线性关系，而是一种"双向建构"的复杂系统。因而，在这样一个复杂的系统中，课堂教学过程就不能被预设为固定的步骤、顺序和目标。

对学生来说，若想要获得自身的发展，那么最需要做的就是改变教学目标的一维性，一方面，将教学目标设置为多维的、多层次的立体化目标；另一方面，教学系统只要在总体上遵循教育目标，就可以在具体的教学目标方面出现合理偏离的现象。这样一来对课堂教学系统可以起到以下几方面的作用：其一，更能体现以生为本的教学思想；其二，能反映学生实际；其三，不仅能够增强课堂教学的灵活性，还能增强课堂教学的创造性和实效性。这就需要在具体的数学教学情境中，教师适时调整预定的教学方案、教学模式。

（二）数学教学与人的本质属性

人是受教育的对象，而且人也必须受教育。因为人是生来就是一种"有缺陷的生物"，人如何受教育才能完善自己呢？对这一问题的探寻，首先就要对人的本质问题有一个正确的理解和认识。因为每一种教育学体系都产生于某种关于人的完全确定的观念，这种观念乃是产生一切个别思想并使他们相互联系在一起的统一的中心；关于人的观念是深入探索教育学学说各种细节很灵的钥匙，并在某种程度上了解它们纯正风格及其相互关系的内部必然性很灵的钥匙。

从某个方面讲，教育是对人的行为进行规范，而人总是向往自由的。对人的自由问题是哲学古老而常新的问题。早在奴隶社会时代，亚里士多德首次提出了"人本自由"的口号，洛克在他的《人类理解论》一书中，专门讨论了自由问题，阐述了自由观念，认为自由并不是感性的冲动，而是需要理性的引导，必须要受到规限和制约。

哲学中对人的本质的论述，更清楚地说明从有模式到无模式走向教学的自由之间的关系，教师和学生是教学过程中两个相对独立存在的主体，无论是学生还是教师，都需要进行一种相对强制、被迫而言的自主自由活动。教学系统的无序性，对教师提出了要求，无论在课堂教学设计上，还是在教学过程中均要关注这三方面，即及时把握环境信息，时刻关注学生的身心变化，以及教学内容的新发展，并据此调整教学要求和教学步骤。

现代文化、文明中寻求"自我"，而成长冲击着我国几千年传统中那种单一的文化导向及其单一的文化价值选择，但由于传统文化存在已久，并且赖以生存的土壤依然存在，所以在当前情况下处于文化主导地位的仍是君权文化。

反映在教学过程中，教学法中技术控制的力量加强，儿童的学习只能在教的程序约束之下进行，其目的就是使教师以固定的技术程序来控制课堂，因而限制了儿童的自由，不仅如此，教师也失去了教学的自由。但是如果没有规范的教学法控制，使教师处于一种随心所欲的自由状态，这种自由是原始的自由，反而会妨碍活动的效率。只有完全进入技术控制之后，才能提出破除教学法的控制。人的主体意识的复苏与高扬，这一文化的变动将引起教育的广泛波动。

以上观点，界定了教育的最终目标，将其定位于帮助学生实现自我，重视学生的个性化发展，教学模式也逐渐走向个性化、艺术化。教学的实际进程不可能按照设定一步不差的进行，这是因为每一位学生都是独立的个体，并且具有差异性，是千变万化、充满变量的。不管是学生的身心状况，还是教学内容，即使是再微小的变化，都会带给教师以超出预期之外的巨大影响。作为一名有经验的教师，面对诸多变量，可以凭借经验进行控制。若是教师掌握了其中的某种规律，那么不仅可以使教学效率得到大幅度提高，而且还能促进教学水平的提高。为此，教师要不断加强自身素养，做到知识常新、教法常新、教案常新，做到将教学作为一门艺术来对待，既追求教学的个性化，又追求教学的艺术化与时代感。

（三）数学教学与中国传统文化底蕴

18世纪中叶，伏尔泰曾说过："当你以哲学家身份去了解这个世界时，你首先把目光朝向东方，东方是一切艺术的摇篮，东方给了西方以一切"。这里并不想以此来对抗现今日益盛行的西方中心主义，更不想要建立一个东方中心主义，只是试图说明在中国文化传统的土壤上，早就孕育着"无模式化"教学思想的萌芽。在我国古代，老子崇尚"无为而治，无为而无不为"。生命延续，万物衍生都可以从"不为之为"予以说明。"无为"是由自然引出的道家精神，一方面，是指天道自然无为；另一方面，是指人道顺应自然无为，这两方面的内容充分体现了道家思想之中的自然论和无为论。关于无为的观点，是作为道家"有为"的对立面而存在的，是对有为的补充，通过"无为"而达到"无不为"的效果。因而无为之治为"太上"之治，认为"顺其自然便没有一件事做不好"。这一思想与教学论中人们通常称道的"教是为了不教，不教之教"，教学模式研究中"无模式"化教学仍是最高境界的追求有极然相通之处。

此外，还可以从中国书法艺术的掌握来说明无模式化教学的理念，中国的书法艺术，这是西方人所难以理解的。一个字会写了还要反复练几十遍，甚至是几百遍，而且练习书法必从临写楷书入手进行模仿训练，再到行书、草书，只有达到行书、草书的自由发挥的境界，方能成为书法艺术家。事实上，教学作为一门艺术，教学艺术水平的提高同书法艺术水平的提高一样，优秀的教育工作者也绝不会拘泥于某种固定的模式，而是不断创新，不断呈现个人的特色，进入无模式的至高境界。对每一位数学教师来讲，掌握数学教学的基本模式是基本功，超越模式，走向教学的艺术化道路，达到"无为而无不为"是追求。

（四）数学教学本身的内在规律

数学以其严密性著称，按照逻辑的规范性进行推理、论证，得出新的数学命题是人们对数学的普遍认识。但从数学发明创造的过程来看，康托（G. Cantor）提出的"数学的本质就在于它的自由"，更符合数学的本质特性。数学的本质在于思想的"充分自由"。近现代以来，数学沿着它自己的道路而无拘无束地前进，这并不是因为它有什么不受法律约束之类的种种许可证，而是因为数学本来就具有一种由其本性所决定的、并且与其存在相符合的自由。表现在现代的数学研究对象发生了根本的变化，数学研究从对数的运算转到对运算性质的研究。

数学曾被认为是一种普遍有效的准确无误的逻辑体系。然而，逻辑主义、直觉主义和形式主义三种不同的数学学派关于"数学是什么"的不同回答让人们感觉到"是有许多种数学而不只是一种，而且由于种种原因每天一种都无法使对立学派满意"。数学的准则也只是暂时的、相对的，其绝对的确定性丧失了，数学也是可误的，所以要求教师应对存在于知识背后的意义，尽可能地使之得到呈现。只有这样，学生所掌握的科学知识才可能是生动的、鲜活的、流动着的。

社会所需求的是富有人性的新型的科学文化人。针对人的发展，从总体上来讲是有序的，表现在不管是数学内容，还是数学知识体系，都是一种严密的逻辑体系，这决定了教学的有序性。因此，教学不仅要符合数学内在的规律，而且还要注意学生心理发展的顺序性。在数学教学过程中，大多数老师习惯仔细分析教材每一部分的重难点，一切追循理性主义的传统，过分强调教学过程的确定性和有序性，忽略引导学生从总体上把握知识。孤立开来看，一节节的课都是教学目标明确，教学效果良好，但从总体上来看，却忽略了知识间的有机联系，这必然会制约学生对知识的深层理解，妨碍了学生能力的提高。一个教师重视课堂教学是必须的，向45分钟要质量也是正确的，但整体教学不容忽视。

因而，对数学的学习就必须采用多样化的方法进行，不能在进行课堂教学的时候，只采用几种简单的模式，为了增加教学模式的丰富性，可以借鉴别国的成功经验，国内相继引入了一些来自其他国家的教学模式理论，不仅引起了教育理论界的注意，而且还激发了广大教师的兴趣，另外，需要注意的是，学习、运用这些教学模式理论同样也不能简单化、机械化。

第三章　数学核心素养与学科能力

数学核心素养会对学生的未来发展产生关键作用。学生可以更好地理解数学，并将数学知识运用到现实生活中。因此，学习数学知识、进行实践运用、迁移创新数学学科能力作为数学核心素养与学科能力共同要求，也是贯穿数学学习领域的核心所在。

第一节　数学核心素养

一、数学素养的相关内容

在 2016 年，中国学生发展核心素养的研究成果正式对外公布。经过多年的努力以及众多研究人员付出，中国学生发展核心素养主要分为三个方面，综合分为六大素养，细化为十八个基本要点。各个要素之间相互影响、相互促进，在不同的情景中发挥着重要的作用。

在此之前，2012 年 2 月颁发的《义务教育数学课程标准（2011 年版）》（以下简称《标准》）已提到了"数学素养"。之后，广大数学教育专家、一线教师围绕这个概念，从数学素养的定义、内涵及实施途径与策略等方面，展开了广泛而深入的讨论。

在《标准》的前言部分，就从数学素养的重要性以及职能这两个角度进行阐述。数学不仅仅是一门学科，更重要的是人类文化的重要组成部分，也是现代学生应该具备的一种能力与素养。

在《标准》的教学建议部分，重点论述数学素养的培养方法与途径。除此之外，还对在教育活动中教师的要求进行了相关规范，重新定义教师的专业素养。教师不仅仅要教会学生知识，还要教会学生学会学习，培养学生良好的学习习惯，养成良好的学习态度，拥有强烈的责任心，做一个综合发展的人才。

在课程资源的开发中，号召学校教师可以利用自身周边的资源，进行课程资源的开发。充分利用自身优势，为学生提供更加优质的课程，拓宽学生的视野，丰富学生的解题思路，不断提升学生的数学素养。教师作为学生学习过程中的引导人，一定要调动教师的积极性，尽可能开发优质的课程资源，为学生的数学学习提供更多的支持。

从上面的内容可以看出，虽然《标准》里关于数学素养的内容并不多，也没有明确提出数学素养的概念，但已分别在不同的部分、从不同的角度提到了"数学素养"这一词汇，并特别强调了数学素养在人的成长、在公民素养中的重要地位与作用。

《美国学校数学教育的原则和标准》明确指出：在这不断更新的社会里，那些懂得且能运用数学的人们，大大提高了规划他们未来的机会和选择。对数学的精通，为他们打开了通向美好的未来之门。相反，这美好之门对缺乏数学能力的人是关闭的。而且，一个只有少数人懂得数学在经济、政治和科学研究中所扮演主要角色的社会与一个民主社会的价值以及经济的需要是不相吻合的。它充分强调了数学在促进人的成长与适应社会生活需要中发挥的重要作用，强调了数学在整个社会发展中发挥的重要作用。

素养的含义，笼统地说，可以包括很多方面，比如知识素养，道德素养等等。在当今社会，人的素养的含义又进一步加深。素养可以包括文化素养，也可以包括身心素养。素养不仅仅是依靠先天的获得，还可以通过后天的学习获得。数学素养是可以通过学习来获得的。数学素养作为在以往数学经验的基础之上，形成一种特定的能力。还有一部分学者认为，数学素养可以帮助人们更好地适应社会生活，做出正确的数学判断，形成数学思维模式。数学素养也已经成为一项重要的能力。这些观点都是主要从数学素养在人的外显行为中所产生的作用的角度进行阐释的。从数学教育与数学学习对人的数学素养养成所产生的作用以及数学素养的构成的角度进行理解的。

还有很多不同的观点，如果不是数学专业的学生，平常是很少有机会接触到专业的数学知识的，可能过一段时间，就会将这些知识忘记了。如果将数学的精神与思维，深深地镌刻在自己的头脑中，数学知识永远都在。

二、数学核心素养的界定

为了进一步推进素质教育，在 2014 年，教育部印发了《关于全面深化课程改革落实立德树人根本任务的意见》，在这份文件中，"核心素养体系"这一概念开始出现。

2013 年，我国"基础教育和高等教育阶段学生核心素养总体框架研究"项目开始启动，众多高校共同承担这一研究项目。

核心素养体系并不是只有中国着重研究，现在已经成为国际化的研究趋势。早在 21 世纪初期，"核心素养"结构模型被提出之后，关于 21 世纪培养学生应具备哪些素质，各个国家都做出了相关的探索。学生发展核心素养，就是指学生应该适应社会发展所具备的能力。数学核心素养就是在数学领域应具备的综合能力，数学学科的核心素养，不仅要彰显数学学科的本质，还要可以教化学生，让学生成为更好的人，这才是学科核心素养的关键所在，而不只是以掌握数学学科的知识为目的。

三、数学中的关键能力

数学最为关键的就是思维，因此在数学中关键能力就是思维能力。由于数学的学科的性质，思维能力的核心是指人们在认识事物的过程中，一般会经过两个关键性过程：一是事物经过人的大脑之后（一般是在下脑），并不会结束认知的过程；二是经过下脑传输到上脑，进行进一步的信息加工。这也是人们认知过程的关键所在。

分析上述两个过程，第一个过程可以称为感知，第二个过程则是思维。思维就是处理信息的过程，也是大脑对客观事物的本质与规律的认识。换句话说，思维就是一种高级的认知过程。思维可以通过大脑更好地把握对事物的认知，也可以更好地适应被社会的发展，把握事物之间的内在规律与联系。

学习数学的过程，就是不断地经历感知，经过观察发现问题，运用各种途径与方式解决问题，最后进行反复的推理与构建的思维过程，这就是数学思维的具体体现。数学思维就是探究数学问题，解决数学问题的思维过程与思维能力。数学思维从本质上讲是数学思想方法的体现。

四、培养数学核心素养的方法

培养数学核心素养的方法主要有两种，一是在解决数学问题的过程中，不断渗透数学思想方法，二是在编写数学教材的过程中渗透数学思想方法。数学教学工作者有时也会将这两种方式结合在一起进行数学思想的渗透。

（一）一般的思想方法

一般的思想方法，主要是指根据具体情况进行归纳类比，提出猜想，通过证明来证实，可以结合自己的生活情况建立相关的数学模型，最后进行分类规划运用数学思想方法解决问题。

（二）培养数学意识

良好的数学意识有利于形成数学学科的直觉。一个人的数学意识不仅可以反映他对数学的态度，还可以体现他的数学素养。良好的数学意识不仅包括敏锐的数学运算能力，还包括数学思维，可以用数学知识来解释周围的客观事物，努力做到让数学生活化，可以让学生更加直观地感受到数学的魅力。

（三）加强数学思维训练

加强数学思维的训练，形成数学探究能力。加强数学思维训练，也是培养数学核心素养与学科能力的方法之一。

（四）加强数学实践活动的开展

数学实践活动的开展，对学生的能力的培养是十分有帮助的。教师想要培养学生的数学能力，一定要激发学生对数学的学习兴趣，积极开展多样化的数学实践活动，使学生在相关活动之中增长数学能力。

（五）培养数学的情感体验

数学作为一门应用性很强的学科，其独特的科学价值与文化价值会对学生的成长起到积极的作用。具体内容主要有以下几个方面；

①培养学生对数学的学习兴趣，引导学生积极参与；

②培养学生独立思考和与他人合作的能力，以及实事求是的学习态度；

③培养学生在数学上的信心。

综上所述，数学的核心素养与学科的能力是学生应该具备的，可以更好地完成数学的学习，拥有适应社会发展的数学思维能力。

第二节　数学学科能力

一、数学学科能力的相关内容

数学学科能力的发展对学生的数学能力认知与发展具有重要意义。关于数学学科能力的研究也是各个国家教育家与数学家的研究重点。关于数学学科能力的定义，不同的专家有着不同的理解，大致可以划分为以下几种：

①数学记忆能力；

②数学推理能力；

③归纳总结能力；

④运算能力；

⑤正、逆向思维能力；

⑥思维过度能力；

⑦使数学材料形式化，用关系和联系的结构来进行运算的能力；

⑧概括数学材料，从外表上不同的方面去发现共同点的能力。

上述几种能力综合起来，可以概括为数学的特有能力。经过探索发现，很多关于数学学科能力的观点中都包含了一般能力，还包含了数学思维能力等。

数学学科能力的结构研究，也是人们关注的重点，很多专家与学者进行了不懈的研究，数学学科能力可以划分为两个方面的内容：

第一方面就是，运用数学思维理解问题并解决问题，在解决数学问题的过程中，学习者应该利用数学思维，进行推理与运算，最后解决相关问题；

第二方面就是，使用数学语言与工具进行交流，在数学领域有很多专业的术语，学习者不仅要具备数学表达与沟通能力，还要学会使用相关的数学工具辅助自己，解决数学问题。

这两方面的能力，彼此之间并不是独立存在的，而是互为一个整体，每一种能力的使用，都会促进其他相关能力的开发，这是一个相互促进的过程。

在我国比较流行的对数学学科能力的定义包括数学运算能力、数学思维能力、问题解决能力等。

1. 数学运算能力

数学运算能力包含以下几方面的内容：

①理解运算对象的含义，掌握运算的法则、规律以及公式，认识运算之间的关系，掌握运算技能，能运用运算法则、规律、公式解决实际问题；

②根据实际情况，合理选择运算方式，优化运算过程，灵活变换运算方法；

③基础知识中概念、公理、定义的形成过程中会含有大量的合情推理与演绎推理。

2. 数学思维能力

数学思维能力中直觉猜想、归纳抽象、演绎证明等都是推理论证的内容。推理论证能力包含以下几个层次：

①运用牢固的数学基础知识进行推理论证，理解并掌握逻辑思维的基本形式与方法；

②掌握提取信息、处理数据的能力，能够对问题进行归纳概括和直觉猜想；

③灵活运用各种证明技巧、运算技巧，选择最佳的方式，在推理论证的过程中进行自我反思和建构。

3. 问题解决能力

问题解决能力，划分为四个层次：

①在数学情境中发现数学问题，提出数学问题和解决这个问题的背景、基础和条件；

②探究解决问题的方法和策略，准确把握数学模型并可以准确运用；

③通过数学建模，寻求解决实际问题的方法；

④在解决问题的过程中，提出合理性的质疑和探究，体会问题解决的规程，掌握研究和解决数学问题的方法。

二、我国数学学科能力体系的建构

数学学科能力体系的构建应该基于科学性与均衡性，遵循数学学科的客观发展规律。想要体现数学学科能力，就需要根据当前国际化的发展趋势，结合社会发展对人才的需求，根据学科之间的科学分工，传输给学生最需要的知识。每一阶段的学生都有不同的特点，根据现实情况确定当下什么才是对学生最重要的。在进行数学教学的过程中，相关学科在不同的阶段对学生的要求会有所差别，教师也要思考在这一过程中的相关问题并及时解决相关问题。教师应学会在数学学科能力体系的建设中认清自己的优势，努力改善自己的不足，为学生所传授的知识应该是既具有基础性，又有实用性。

数学学科能力体系的构建应该是基于阶段性与连贯性之上的。数学学科能力的构建具有一定的连贯性，这样可以帮助学生做到能力培养的自然衔接，阶段性是指学生在不同阶段学习的能力是不同的，每一个阶段都有自己的特点。

数学学科能力要素应具有可操作性和可测评性。学生的数学学科能力是可以在实际的情况中进行测评的，并且可以应用到实际的生活中。学生学习知识，最后会转换为现实的应用能力，解决具体的问题。可测评性最为通俗的解释就是，学生会在期中或者期末阶段接受考试来检验学习能力。可测评性就是为了学生可以更好地学习知识，进一步确保数学这一学科的教育顺利进行。在进行相关的测验之前，教师都会制定一套相关规范，并以此为标准。除此之外，为了确保学生的数学学习能力不断提升，制定的课程标准一定是可测的。

数学学科能力作为在学习数学的过程中积累的一种能力，通过具体的数学知识与数学活动体现出来，并蕴含在数学活动之中，影响着数学活动的形成与发展。数学相关能力的提升，不能只依靠一种能力的提升，应该是多种能力的综合提升。数学学科能力主要包括数学思维能力、数学运算能力、数学证明能力、数学建模能力、数学推理能力，以及解决相关数学问题的能力，最终实现应用能力以及创新能力。

第三节　数学学科能力构成的理论界定

一、数学学习理解能力的界定

数学学习理解能力是指完成数学相关知识的学习，应用数学知识解决现实问题的能力。在解决数学问题的过程中会遇到简单的数学问题，还会遇到复杂的数学问题，根据学科的特点，以及学生的学习能力，针对数学学习能力与数学实践应用能力，以及数学创造迁移能力，对数学学习理解能力的界定如下。

数学学习理解能力的界定有很多标准，不管是国内的专家学者还国外的专家学者，都从不同的角度对数学的概念以及数学的学习理解能力进行了相关阐述。但是，它们都可以统一为对数学的认知理解。数学学习理解能力包括如下几个层次：

①可以保障自己准确地获取数学知识；

②可以归纳总结自己学过的数学知识，找出数学知识之间的联系，并可以进行自由转换；

③总结数学知识之间的联系，解决相关数学问题；

④可以根据相关的数学条件，完成数学知识的推理验证。

二、数学实践应用能力的界定

数学实践应用能力是有一定的层次的。根据数学知识的应用情况，可以将数学实践应用分为两种：第一种是学生根据自己所学的数学知识的情况，对数学知识进行研究与探索；第二种是运用数学知识，解决现实生活中的实际问题，还可以是利用数学知识解决其他学科的问题。

数学实践应用能力的界定应该符合两条规定：一是可以在规定的数学情境中，运用数学思维，将实际信息与数学知识进行对应，完成相关任务；二是利用数学知识解决现实中的问题，可以利用相关的数学模型，也可以利用相关数学工具，解决实际问题。

三、数学创造迁移能力的界定

数学创造迁移能力主要包括数学创造能力与数学迁移能力。不管是哪一阶段的教育，都需要提升数学创造能力。学习数学知识的过程也就是学生自己探究与验证的过程。数学的学习过程，也是验证自己猜想的过程。因此，数学创造迁移能力就是根据自己以往的知识学习，让学生更好地掌握新知识的过程。

数学迁移能力总的来说是在学习数学的过程中通过概括来实现的。数学概括能力越高，知识的系统性也就越高，数学迁移能力也就越高。数学迁移能力可以帮助学生更好地解决问题，培养学生的创造性思维。数学能力的提升离不开迁移能力的提升，因此将数学迁移能力概括为以下几点：

①在数学学习的过程中，可以接纳新颖的数学方法，并且可以针对自己的理解进行再次创造；

②根据现实情况，进行合理的猜想与推理；

③可以提出不同的解决问题的方法，并且根据自己的推算进行适当的点评；

④可以根据自己积累的数学知识，通过自己的推理，建立数学学科之间的联系，可以主动对相关问题进行探讨。

四、数学综合能力的界定

根据数学的学科特点，以及学生的阶段特点，我们将学生数学核心素养的学科能力主要分为学习理解、实践应用、创造迁移三个方面，在此基础之上，进行更进一步的划分，如表3-1所示。

表 3-1 数学学科能力指标体系

能力要素	一级框架
学习理解	观察记忆
	概括理解
	论证说明
实践应用	分析计算
	推测解释
	简单问题解决
创造迁移	复杂问题解决
	猜想探究
	发现创新

（一）学习理解

学习理解数学学习理解能力主要是指学生在学习数学的过程中，将数学知识理解并内化的过程。在学习理解能力的基础上细化的二级指标主要有观察记忆、概括理解、论证说明。

观察记忆就是指对数学知识之间联系的观察与记忆。概括理解能力就是在复杂的数学知识中概括出它们的本质属性，然后推广到其他知识中，并正确运用数学知识，解决现实问题的能力。学生要学会将知识信息进行分类、概括与推理。

论证说明就是指学生在运用相关数学知识进行推理解决相关问题的过程中，根据数学的客观原理做出解释与判断的能力。

（二）实践应用

数学实践应用能力体现为学生在给定的数学情境中使用程序化的方法完成简单任务，或在稍复杂的问题情境中提取相关知识分析解释问题，在条件冗余的情境中提取有用信息，分析并解答问题。实践应用是知识的输出过程，此维度与程序性知识、概念性知识、反省认知知识紧密相关，但对事实性知识的记忆是进一步实践应用的前提。

分析计算能够在熟悉的数学问题情境中直接应用数学知识进行作图、列式、计算解决问题。主要考查熟悉情境中，数学内容直接且呈现清晰的一步应用问题或简单的多步应用问题，以及几何领域有固定程序的作图问题、统计领域的统计图绘制问题。

推测解释在较熟悉的实际任务情境中，学生能提取相关知识，选择和运用简单的问题解决策略，使用基于不同信息来源的表征，对其进行直接推理，解释现实的问题。学生能将重要的和不重要的信息区分开来，然后专注于重要信息，根据数学规则、原理做出解释、推理、判断的能力。

简单问题解决是指在不熟悉的任务情境中，学生选择、提取有用的数学信息，自行组织数学策略，建立数学模型，解决问题并完整表达的解决过程。在本测试维度，问题一般包含较复杂或冗余的数学信息，学生需要根据问题情境提取有用的数学信息，选择适当的策略，寻找合适的表征模式，通过较复杂的决策解决问题。在解答过程中，应要求学生写出完整解题步骤，并汇报结果。

（三）创造迁移

数学创造迁移能力是在数学学习理解实践应用基础上形成的高阶的认知过程，是高级的知识输出过程。它需要将要素组成内在一致的整体或功能性整体，要求学生在心理上将某些要素或部件重组为不明显存在的模型或结构，从而生成一个新产品。而创造的认知过程通常需要学生先前的学习经历的配合。其二级指标包括如下方面。

综合问题解决是指知识的综合、方法的多样化以及数学思想方法的综合运用。它具有知识容量大、解题方法多、能力要求高、突显数学思想方法的运用以及要求学生具有一定的创新意识和创新能力等特点。从题设到结论，从题型到内容，条件隐蔽，变化多样。需要跳出固有思维模式，分辨选择出有用的数学信息灵活解决问题。

猜想探究是指在开放的问题情境中，借助已有的知识经验，对数学材料进行加工，创造性解决问题。想象创意是一种高级的认知过程，学生在数学问题情境中凭借记忆所提供的材料进行加工，从而产生新的形象。学生将过去经验中已形成的一些暂时联系进行新的结合，是逻辑思维、形象思维、逆向思维、发散思维、系统思维、模糊思维和直觉、灵感等多种认知方式综合运用的结果。

发现创新能够从已有知识和技能出发，通过猜想与合情推理构建知识之间的远联系，或提出发现新的好问题。发现创新将涉及高水平概括，发现知识本质的联系，发现新的知识或规律，在多个概念之间进行联系。

第四章　小学数学教学与核心素养的培养

对于小学数学教学而言，如何组织教学，使小学生理解数学的思想并解决生活中的问题，是值得我们考虑的。良好的数学素养将为人一生的可持续发展奠定坚实的基础，在信息化社会，人们需要不断学习新知识、新技能，并应用自己已有的知识去解决新问题，从这个意义上说，仅靠机械记忆而获得的知识很可能在走出校门后就毫无用处，而所具有的稳定的数学素养则会时时发挥着重要的作用。

第一节　小学数学课堂教学设计

一、课堂导入设计

常言道：良好的开端是成功的一半。课堂导入是整个课堂教学过程中一个重要的组成部分，是在新的教学内容或教学活动开始前，引导学生进入学习状态的教学行为方式。这部分应该是自然、恰当和精彩的。好的导入犹如精彩戏剧的序幕，仿佛优美乐章的序曲，能创设扣人心弦的情境，激发学生的兴趣，引起学生的认知冲突，开启学生思维的闸门，获得引人入胜的效果，从而为整节课的顺利进行奠定坚实的基础。

现代教学理论认为，课堂教学是一个复杂的系统，选择最优的教学系统结构是开展系统教学的关键，必须改革课堂教学结构，从而整体优化课堂教学。新授是一堂课的主体部分，一堂课的教学效果如何主要取决于新授。而新授的导入决定着学生能否积极主动地学习新知识。

（一）课堂导入

课堂导入应该能够引起学生的注意，激发学生的学习兴趣，调动学生学习的积极性，使学生进入学习情境，在特定的情况下应建立知识之间的相互联系，为学习新的内容做好准备。为此，教师必须科学地设计课堂导入，借助一些学习情境和教学手段把学生带进一个崭新的知识情境中去，让学生对学习产生兴趣，这样才能充分调动学生学习数学的积极性。

值得注意的是，教学情境是一种手段，不是最终目的，利用得当能够锦上添花；利用不当，则适得其反。课堂导入是否成功，直接关系到整堂课的教学质量，而现今课堂上某些课的导入却存在着一些问题。

例题是数学教材的核心内容。概念的形成、规律的揭示、技能的训练、智能的培养，往往要通过例题教学来进行。例题教学是数学教学的重要组成部分，是抽象的概念、定理、公式和具体实践之间的桥梁，是使学生的数学知识转化为数学能力的重要环节。

小学生学习数学知识，通常是通过教师利用例题讲解来传授的，例题教学理所当然地成为小学数学课堂教学的重要环节。这一教学环节的好坏直接影响学生能否牢固地掌握知识，养成良好的思想情感。探索例题教学规律，创设良好的问题情境，有助于实现原有的认知对新知识的同化，更好地补充和完善认知结构，从而促进学生的心理发展。

例题教学要注意以下几点：例题教学首先应该成为学生学习的范例，成为"教""学"交流的平台；例题教学是学生遇到困难需要帮助就能够得到帮助的地方，如果能够将学生过去、现在、将来学习过程中可能出现的错误整合于例题教学的过程中，这样的例题教学将是最好的例题教学；例题教学，应打破思维定式，举一反三。

但在实际教学中，例题教学常会出现这样或那样的偏差。

"认真钻研教材，精心设计教学程序，以达到教学效果的最优化"一直是教师们努力追求的目标，也是每位教师提升教学艺术的基本途径。这本来无可厚非，但在不知不觉中，数学课堂教学却在普遍意义上陷入了这样一种状态：教者"以本为本"，习惯从既定的教案出发，用一连串的发问"牵"着学生，使学生就范；学生则只能跟在教师的后面，被动地接受数学结论。在本案例中，教师在课前设计时显然没有注意到学生已有的知识经验。面对学生已经知道"圆的周长与直径的关系"这一始料未及的问题，教师一带而过，继续按原来的教学预设组织教学。虽然顺利地完成了教学任务，但从某种程度上来说，这样的教学否定了事实，在一定程度上阻碍了学生活力的生成。

（二）策略导引

数学例题教学不仅是学生理解、接受和巩固数学知识的重要途径，更是培养学生运用数学知识分析和解决问题能力的重要手段。因此，在小学数学教学中，例题教学占有相当重要的地位。例题是经过精心筛选的精华，根据教学要求的不同，例题作用的侧重点也不同，教师要把握好例题的目的和作用。做好例题教学能启发学生积极思考，激发学生兴趣，拓展思路，举一反三，触类旁通，培养学生综合运用数学的能力及创新思维。

1. 削枝强干，突出重点

数学教材的例题，大多数以题组的形式出现，形成了一个个系列。有时一节课中会有几个例题需要解决。如果我们能弄清例题之间的关系，明确例题的编排意图，就可以做到详略得当，取舍合理。

小学数学是多层次、多方面的知识体系。例如，在某一案例中，教师找准了新旧知识的联结点和新知的生长点，在设计中抓住了重点，有效地把握住了教学层次，将主要层次仔细深入地教，次要层次简单粗略过去，全课主次分明，详略得当，节奏鲜明。在充分认识二分之一后，大胆地创设了"创造几分之一"的层次，学生的思维也一步步跟随着教学层次向纵深发展。这样的教学既符合学科特点，也适应小学生认知发展的需要。

2. 层层剥笋，逐步深入

学生的认识过程是根据从已知到未知、从具体到抽象、从现象到本质、从简单到复杂的顺序逐渐深化的，是学生主动建构知识经验的过程，即通过新的经验与原有知识经验的相互作用，充实、丰富和改造自己的知识经验。这个认知发展的规律是客观存在的。

例如，某节课的总目标为通过学生有效的探究活动发现三角形三边的长度关系。教师在课堂教学设计时注重学生的心理特征、认知能力、思维品质等方面的差异，按照由低级到高级的发展顺序去安排设计，体现了教学目标和学生活动的层次性。为解决这一目标，教师确定了每个环节中的具体目标，如通过学生做三角形引出三根小棒围成三角形时应满足的要求，通过第一次围三角形初步发现两边长度之和大于第三边，通过进一步操作深化对两边的正确理解。整节课让学生在交流、质疑、思辨中逐步提高思维层次。

3.关注主体，主动参与

心理学家布鲁纳指出：知识乃是一个过程，不是结果。新型自主的课堂，注重过程学习，不追求答案的标准化、统一化，而追求思维的主动性与灵活性。在数学教学活动中，学生是活动的主体，教师要面向主体，给学生探索发现的机会，重视学生的实践活动，不仅要让学生动耳、动眼，而且还要让学生动手、动脑、动口，引导学生主动参与学习，体验学习的乐趣，而教师则适时启发、点拨、质疑、解惑。

4.弹性预设，动态生成

教学是一项复杂的活动，需要教师课前做出周密的策划，这就是预设。除了解读教材，设计教学目标、教学过程外，教师还要预先思考课堂教学可能产生的走向、学生原有的知识结构、学生在交流中可能出现的偏差、课堂上可能发生的影响教学进度与目标达成的其他变数等因素，并准备好相关的应变策略。但是，课堂上充满变数，这些变数使得课堂教学从一开始就不是教师一个人的活动，而是师生共同的课堂教学。有的时候教学过程中的发展变化和教学预设是一致的，这反映出教师必须合理把握教学内容的逻辑性和深入了解教学对象的认知状况；但是，大部分情况下，两者是有差异的，甚至截然不同，这反映出教学过程的复杂性和教学对象的差异性。

二、课堂练习设计

练习是一种有目的、有计划、有步骤、有指导的教学训练活动，是学生掌握知识、形成技能、发展智力、培养能力、养成良好学习习惯的重要手段，也是教师掌握教学情况，进行反馈调节的重要措施。通过练习可以使学生的分析、综合、抽象、概括、判断、推理等初步逻辑思维能力由简单向复杂、由低级向高级逐步得到提高，也可以锻炼学生的数学思维能力，从而培养学生思维的敏捷性和灵活性等品质。练习可以及时地反馈学生掌握的知识、形成的技能等各种信息。

但在目前的实际教学中，很多教师对练习的功能认识不到位或对练习教学重视不够。例如，有的教师在课堂教学中只注重课本例题知识的讲解，费时较多，学生自己独立练习的时间较少；有的教师忽视练习题的设计，习惯于把书上的题目做完了事；有的教师设计的练习过多地模仿例题或布置大量相仿的题目操练，练习内容无限重复，量多质弱，练习效益不高，学生仍停留在以"练"为主的机械操作式的作业模式中。这种作业形式已深深地扼杀了学生的学习兴趣，加重了学生的课业负担，甚至影响了学生的身心健康。

三、课堂结课设计

课堂结课是教师在数学课堂任务终结阶段，引导学生对知识与技能、过程与方法、情感态度与价值观的再认识、再总结、再实践、再升华的教学行为方式，它是教学过程的重要环节和组成部分。结课方法运用得当，能够强化学生的学习兴趣，帮助学生巩固和深化所学知识与技能，促进学生智能的发展，发挥教师的主导作用，从而提高教学水平。

课堂教学的结尾是一堂课结束的自然表现形式，不是可有可无，也不是硬加上去的。目前大部分数学课堂，其结尾都存在着一些问题。

第二节　小学数学学科性质与任务

一、数学的本质及其特征

要分析数学的基本性质和特征，首先就必须要了解数学是什么。这里包括数学的本质属性是什么、数学有哪些基本的特征等。

（一）数学的本质属性

数学的最终起点还是现实世界，数学更多地用来解决人类问题的提出和问题的解决，它是人类对现实世界的最本质的和最一般的反映。超越现实世界的数学的产生，其目的还是获得对现实世界更合理的、更准确的、最一般的反映。

数学是一门撇开内容而只研究形式和关系的科学，而且首先主要是研究数量和空间的关系及其形式。它既是撇开内容而研究存在的形式或关系的科学，即研究现实世界，与此同时，它又是撇开经验而研究思想的形式或关系的科学，即研究数学世界。

可见，数学的本质属性是关于逻辑上是可能的、纯粹的形式科学和关于关系系统的科学。

（二）数学的性质特征

通常来讲，数学的性质特征主要有抽象性、严谨性等。

1.抽象性

众所周知，任何一门科学都不是直接处理现实对象，而是用一定的方法去处理其抽象的反映，这些方法就是我们所称的"模型"。而数学则是处理所有这些模型的抽象，是这些模型的一般模式。很明显，数学是抽去了具体内容，作为一个独立的客体而存在的，它用形式化、符号化和精确化的语言来表现一种"抽象的抽象"或"概括性的抽象"，它是以"一切存在的抽象的模型的模型"而呈现的，是一种不具有任何物质和能量特征的抽象。

2. *严谨性*

数学的严谨性首先表现为其具有严密的逻辑性。数学的结果是从一些基本概念出发并采用严格的逻辑推论而得到的。这种推论对于每一个懂得这样的规则并拥有一定数学基础的人来说，都是无须争辩和确信无疑的。在这里，经验能起到一定的作用，但经验本身却不是获得数学推论的依据。

数学的严谨性带来了数学的精确性，也就是说，数学的表述具有相当严密的唯一性，因此数学语言还常常反映在其他学科（尤其是自然学科）之中，用来准确地表述概念或由经验所获得的发现。

一般来讲，科学的逻辑结构要素是原则、法则、基本概念、理论、思想等，而数学尤为注重的是法则（规则）。从算术的角度看，其知识的主要逻辑结构要素是概念、性质、定理、法则、公式、基本方法、基本思想等。

二、数学学科

（一）数学学科知识内容的特定性

数学学科是由数学科学知识构成的，因此数学学科与数学科学相同，也具有明显的结构性和层次性特征。

但是，数学学科还具有自身的特定性。数学科学经过数学家们几百年至上千年的探究和构建，已经形成了完整的体系，而这个体系是不依附任何人而存在的。而数学学科却不同，它是依附于受教育对象而存在的。

例如，在小学数学科学中，要设计哪些数学内容、这些数学内容应该怎样呈现、它们应该按怎样的结构来组织，所有这些问题在数学科学中是不存在的，因为它的自身结构精良的体系已经为我们解决了。可是，对于数学学科就不同了，我们必须要考虑，哪些数学知识对学生的生活以及今后的进一步学习是必需的、怎样的呈现是学生能够接受而又不违背数学自身的科学性的、怎样的组织结构是符合学生的经验积累与能力成长而又不破坏数学科学原有结构特征的，如此等等。

在数学学科的知识体系中，有些知识是构造性知识，即非依赖对自然界客观存在观察而形成的知识。例如，几何系统中的"点""线"等概念，这样的知识往往是构成数学知识系统的基础，是一些基本的元素。当然数学学科的知识体系中还包括一些常规性知识，如"十进位制计数法""除法运算法则"等，它往往是构成数学推理或数学语言的基础，使得某些逻辑运算有可能按一个统一的规则来进行，或有可能进行彼此能够理解的数学交流。可是，在数学学科的知识体系中，更多的知识是发现性知识，即依赖对客观世界的观察并抽象而形成的、反映客观性事实或规律的知识。

（二）数学学科逻辑结构的双重性

数学的课程从产生开始，就显示出学科内容之间很强的逻辑性。因为数学学科的课程是在研究人类数学科学的基础上逐步演化而来的，而数学科学的形成与发展又是建立在严密的逻辑推理基础上的。但是，正因为数学学科是依附受教育对象的特点而存在的，因而造成了它的逻辑结构具有双重性的特点。

1. 显示科学内在的逻辑性

对数学学科的内容来说，它与数学科学一样，其内在知识的逻辑联系十分紧密，层层相连，缺一不可。往往前面阶段学习的知识是后面学习的基础，而后面的学习又是前面的发展。例如，需要先认识并理解关于"射线"的知识，才能为他们真正认识和理解"角"打下基础；再如，"整数"的认识就是"小数"认识的基础，而认识了"小数"，又为进一步了解"十进位值制"这一常规法则提供了条件。

2. 适应学生心理发展的逻辑性

数学学科的知识在遵循其自身内在逻辑的同时，还必须遵循学生心理发展的逻辑性，要按学生心理发展的规律来组织课程内容。例如，从数学发展来看，分数的产生先于数，但是，对儿童而言，分数不仅其计数、命数方式与整数差异很大，而且对数的理解要建立在对"整体"这个抽象的认识基础之上；相反，对于儿童来说，对小数的认识不仅要具有一定的生活经验，而且其计数与命数的规则与整数相同。所以，在小学数学课程设计中，是先让儿童认识小数，后让儿童认识分数的。但是，要真正获得对小数意义的理解，又离不开分数的概念。因此，小数意义的学习，又是被安排在分数意义理解之后的。

应该注意到，如果小学数学课程过于依赖数学科学的逻辑性和唯一性特征，在课堂学习过程中，就容易对儿童数学思维品质的形成产生一定的负面影响，特别是对培养他们的创造性思维影响更大。可以想象，当一门学科经过专家、学者的专门整理，成为一种学习者最经济的继承科学知识的学习框架时，它就有可能转化为一种难以完全按照学习者的需求，以学习者现有的经验和认知水平的发展规律来思考的课程策略。在课堂中，学生的思考方向、学习过程和结果，很容易被专家们精选组织的教材内容和形式所限定。学生们往往很难按照自己观察到的方式去解释自然和社会，按照自己思考的方式去获得发现。当我们让儿童面对的是那些大量的，由成人自上而下地从文化中选择或编造出来的，而往往又仅是社会的数学精英们谙熟的，却又与儿童的生活相割裂的，以生疏的符号、概念、命题或公式为主要呈现方式的那些数学主题、语言和材料时，我们可能就把学习者的学习活动与其认识世界的过程割裂了。

（三）数学学科内容呈现的直观性

庞大的数学科学体系，是以严密的命题演绎和严格的逻辑论证的方式呈现在我们眼前的，而作为小学学科课程的数学，则更多是以实际的直观演示和具体的事例归纳的方式呈现在我们眼前的。

例如，对于"圆"，作为科学的数学，往往是采用直接定义的方式给出的，即以命题的形式呈现。可作为小学学科课程的数学，则是采用展现圆形的物体表面以及让学生尝试画圆的方式呈现的，即以直观的方式呈现。

第三节　小学数学教学设计的理论基础

一、小学数学教学论基础

数学教学理论主要研究数学教学情境中教师引导、维持或促进学生学习的行为，从而提供一般性的规定或处方，以指导数学课堂的实践活动。要进行有效的小学数学教学设计，需了解和把握数学教学的基本含义、基本要素与小学数学教学过程的本质特征。

（一）小学数学教学的基本含义

一般意义上讲，教学是教师教学生认识客观世界进而促进学生身心发展的教育活动。小学数学教学除了具有教学的一般特点外，本身还具有其特殊性。恩格斯曾指出，数学是研究数量关系和空间形式的科学。在小学数学教学阶段，主要以现实生活中所蕴含的数量关系与空间形式为其认识对象，通过经历观察、实验、猜测、计算、推理和验证等数学活动过程，促进学生生动活泼的、主动的和富有个性的发展。因此可以认为，小学数学教学是教师引导学生主动地认识客观世界中的数量关系和空间形式，以促进学生身心持续和谐发展的数学活动。理解这一定义，需要注意以下几点。

第一，数学教学是数学活动的教学，这是数学教学的本质规定性。主要从两个方面来理解：①数学知识的形成是从生活实践活动中逐步积累的结果，具有过程性特征；②无论是数学家探索、发现数学的过程，还是数学学习者的再发现过程，总是处于一定的活动状态中，并总是在活动中得以发展。

第二，数学教学是促进学生发展的活动，这是数学教学的价值规定性。数学教学的立足点是培养人，即丰富学生的数学知识和技能，拓展学生的数学能力，提升他们的数学素养。数学教学活动（特别是数学课堂教学）最需要做的事有：①激发学生学习数学的兴趣；②引发学生的数学思考；③培养学生良好的数学学习习惯；④使学生掌握恰当的数学学习方法。

第三，数学教学以数量关系和空间形式为基本内容，这是数学教学的对象规定性。主要从两个方面来把握：①数学教学必须围绕数量关系与空间形式来展开，引导学生去认识和发现现实生活中的量化属性与量化关系，否则数学教学就会远离数学本身；②数量关系与空间形式并不是现实世界中的具体事物，而是人类抽象思维的产物，人们的感官是不能够直接感知的，只有通过比较、分类、概括、想象和抽象等思维活动，才能够理解与认识它们。例如，只是让学生沿着周界去摸一遍某个物体，是难以形成有关周长的概念的。由于周长是一个数量，单靠摸是感觉不出来的，只有通过测量、计算或估算，才能形成关于周长的"数感"，而要形成周长的概念（量化模式），还需要进一步地经历比较、概括、抽象等思维过程。

（二）小学数学教学的基本要素

小学数学教学是由若干要素组成的一个有机系统，每个要素既相互独立、各司其职，又相互作用、相互联系。关于数学教学构成要素究竟有哪些，大家说法不一，概括起来有学生、教师、教学内容、方法、目的、媒体、环境等，其中，学生、教师和教学内容是大家都认可的基本要素。

1. 学生

学生是数学学习的主体，其主体性体现为自主的学习参与、积极的个人体验与主动的意义建构，即学生是在教学活动中通过发挥自主性、主动性与创造性而寻求发展的人。

第一，学生是发展中的人。这主要包括以下三方面。①学生具有与成人不同的身心特点。学生身心发展具有内在的规律性，其生理成熟和心理发展都有一定的顺序性和阶段性。②学生具有发展的潜在可能。学生作为生命体具有表现生命积极性、能动性和生命活力的内驱力、需要、木能、冲动，以及对自身活动进行自我觉知，产生自我意识的潜能和可能性。③学生具有获得成人教育关怀的需要。学生作为潜在的、可能性的、有待发展的主体，一般需要在教师的指导、激发和帮助下才能活动，其主体性才能获得有效的发展。

第二，学生是主动发展的人。在数学教学中，无论是数学知识的掌握，还是数学能力的发展以及个性心理特征的形成，都不是教师所能教会的，这需要学生在教师的引导下主动获得。正如德国教育家第斯多惠所指出的："发展与培养不能给予人或传播给人。谁要享受发展与培养，必须用自己内部的活动和努力来获得。"学生唯有通过自己的独立思考，才能认识现实世界中的数量关系与空间形式，把课程中的数学知识内化到自身的认知结构中去；学生唯有发挥自主性、主动性和创造性，才能在数学学习中锻炼自己，拓展自己的数学经验和数学才能；学生唯有经过自己的体验和感悟，才能形成积极的数学情感，树立正确的世界观、人生观和价值观。

第三，学生是一个完整的人。学生作为能动的生命体，其有自己整体的身心结构，表现在学生是以一个"整体的人"的身份，参与能动的学习活动并展开其学习与发展过程。学生总是以其既有的生活经验和学习经历所造就的现有发展状态进入新的学习与发展过程中，这种发展状态包括已经形成的身体条件、学习的倾向性（需要、兴趣和价值取向）、对自身学习过程的调控意识能力、加工和处理学习对象的能力等。

2. 教师

教师是学生发展的促进者，是学校中传递人类科学文化知识和技能，进而进行思想品德教育，把受教育者培养成为一定社会需要的专业人员，教师承担着教书育人、培养社会所需人才和提高国民素质的使命。小学数学教师要根据小学生数学学习的特点与差异，创设富有支持性和挑战性的学习环境，指导他们有效地进行自主学习、探究学习与合作，形成良好的学习习惯，促进他们全面、健康、可持续地发展。《义务教育数学课程标准（2011年版）》（以下简称《标准》）指出："教师应成为学生学习活动的组织者、引导者、合作者。"这是对小学数学教师的合理定位。

（1）教师是学习的组织者

教师的"组织"作用主要体现在两个方面：第一，教师应当准确把握教学内容的数学实质和学生的实际情况，确定合理的教学目标，设计一个好的教学方案；第二，在教学活动中，教师要选择适当的教学方式，因势利导，适时调控，努力营造师生互动、生生互动、生动活泼的课堂氛围，促成有效的学习活动。

（2）教师是学习的引导者

教师的"引导"作用主要体现在：通过恰当的问题，或者准确、清晰、富有启发性的讲授，引导学生积极思考、求知求真，激发学生的好奇心；通过恰当的归纳和示范，使学生理解知识、掌握技能、积累经验和感悟思想；能关注学生的差异，用不同层次的问题或教学手段，引导每一个学生都能积极参与学习活动。

（3）教师是学习的合作者

教师与学生的"合作"主要体现在：教师以平等、尊重的态度鼓励学生积极参与教学活动，启发学生共同探索，与学生一起感受成功和挫折，分享发现和成果。

3. 教学内容

教学内容是教学活动的素材和工具，是教师与学生共同活动的对象。数学教学内容是数学教学活动不可或缺的基本要素，是实现数学教学目标、展开数学活动的基础和依托。

（1）过程与结果

《标准》将我国传统数学教学中的"双基"拓展为"四基"——基础知识、基本技能、基本思想、基本活动经验。其中，基础知识与基本技能是可用数学术语或数学公式所表述的结果性知识，而基本思想和基本活动经验是一种隐性的、动态的过程性知识，其中基本活动经验所强调的是学习者在数学活动中所形成的那些"创始性、开放性、不完全、不固定"的过程性知识。

（2）直接经验与间接经验

一方面，学生在课程中学习数学是以教材和教师讲授为中介来获得前人已经形成的数学知识的，即学生的数学学习主要以一种间接的方式来获取和形成数学经验；另一方面，当代数学教育理论认为，学生的数学认识不是被动地接受而建立的，而是通过自己的经验主动地建立起来的。这表现为书本知识的数学间接经验只有通过学生联系自己的生活实际，在多样化的数学活动中积累自己的经验，才能真正理解其数学意义。

（三）小学数学教学过程的本质特征

1. 小学数学教学过程是教师引导学生积极参与数学活动的过程

小学数学教学中的数学活动就是小学生进行数学探究、数学理解和数学应用的活动。数学活动不同于一般意义上的直观操作活动，它在本质上是一种思维活动，总是围绕着某种思维方式而开展。因此，思维活动是数学活动的基本形式。根据荷兰著名数学教育家弗赖登塔尔的观点，学生的数学活动是一个学习数学化的过程，他指出："如果将数学解释为一种活动的话，那就必须通过数学化来教数学、学数学。"数学化是一种由现实问题到数学问题、由具体问题到抽象概念的认识转化活动，是人类发现活动在数学领域里的具体体现。他认为，孩子的数学学习必须与他们的数学现实——已有的数学经验和知识相联系，让他们亲身经历数学化的过程。他有一个著名观点："儿童不可能通过演绎法学会新的数学知识。"

不论是数学活动，还是数学化过程，均需要学习者积极主动参与。这里的"参与"不仅指态度、行为，更指数学思维。因此，在小学数学教学过程中要引导学习者进行"三动"。

一是要行动起来，让学生有足够的时间和空间经历观察、实验、猜测、计算、推理和验证等数学活动过程，引导他们去质疑、去发现、去探究、去归纳、去判断、去概括……把本来要教的东西变为学生自己去探究他所应该学的东西。

二是要互动起来，不但要同问题情境中的量化属性与量化关系进行对话，在协调信息的过程中构建数学知识的意义，而且要同自己的所作所为进行对话，弄清楚自己做了什么、能做什么，在反思中生成数学学习的意义，同时，还要与同伴的经验观点进行对话，以达成知识与学习意义的"互识"和"共识"。

三是要心动起来，数学学习过程也就是数学情感、数学态度、数学信念、数学价值的赋予过程，在数学教学中，要激发学生对所探讨问题的好奇心与兴趣，使他们对问题解决充满期盼，增强学好数学的信心。

2. 小学数学教学过程是师生交往互动的过程

交往互动是指共同生存的主体之间的相互作用、相互交流、相互沟通和相互理解。教学中的交往互动强调师生之间、学生之间的信息（包括符号信息与心理信息）交流，师生之间分享彼此的思考、见解和知识，交流彼此的情感、观念与理念，以达成共识、共享、共进。交往互动是教学的一个本质特征，根据这一特性，小学数学教学不应该是教师单向、独白式的教学，而是教师、学生、文本之间的多向交互关联的活动系统，它通过交往获得动力，通过互动得到创生。

在教学中，对话是师生交往互动的基本形式。巴西著名教育家弗莱雷提出教育具有对话性，教学即对话的思想，认为对话反映了教育上师生之间的一种双向的相互交流。小学数学教学中的对话具有以下一些功能特点。

（1）相互激发和诱导

由于教师和学生的数学知识经验、看问题的角度以数学思维方式的差异，特别是同伴之间的思想观点既有差异又相互接近，因此，师生在对话中容易激发并产生新问题、新视觉和新思路，促进数学思维的活化和发散，即对话具有建构性与创造性。

（2）相互模仿和感染

模仿是指直接借用和仿照他人的行为或思维的活动；感染是交往主体在互动中受对方情绪、情感的影响而产生情感共鸣。在对话中，同伴在认识、思想、观点和方法等认知方面的突出表现，容易成为"观察学习"的对象而树立起一种认知型的"学习榜样"，如"思维的榜样""方法的榜样""表达的榜样""提问的榜样"等。

（3）相互协调和融合

对话的一个目的是师生之间达成共识和视域融合。"视域"是指从个体已有背景出发看问题的一个区域。在对话教学中，教师和学生均是信息的发出者与接收者，在师生之间可以形成一种多向度的交往互动；"知识权威"可以在学习者之间进行平等的转移，各种思维过程与思想观点均可自由地暴露在课堂之上，在比较、沟通、协商与赏析的过程中，各种视域相互融合，各自的视域得以不断的扩展与丰富，教师、学生、同伴均成为知识的贡献者与共享者。

3. 小学数学教学过程是师生共同发展的过程

小学数学教学过程不仅是促进学生发展的过程，同时也是促进教师专业化发展的过程。

（1）促进学生的发展

《标准》所提出的核心理念："人人都能获得良好的数学教育，不同的人在数学上得到不同的发展。"这表明了数学教学的基本出发点是"以学生的发展为本"。小学数学教学的基本目标是促进学生的发展，为小学生未来的生活、工作和学习奠定基础。这里的"发展"有三层含义。

第一，全面发展。按照《标准》规定的课程目标，学生在数学方面的发展包括知识技能、数学思考、问题解决和情感态度四个方面。这四个方面不是相互独立和割裂的，而是一个密切联系、相互交融的有机整体。在小学数学教学中，不仅要掌握数学知识和技能，而且还要注重积累数学思想的感悟及数学活动经验；不仅注重培养数学能力，而且还要注重培养学生的情感态度与价值观。

第二，可持续发展。小学数学教学要遵从儿童心理发展应有的阶段性规律，循序渐进，逐步提高。这需要处理好学生的可接受性与数学的严谨性、抽象性之间的关系，处理好各学段的不同要求与学段间的衔接及整体贯通的关系，处理好近期达成与中长期目标渐成的关系。那种"不让孩子输在起跑线上"理念下的急功近利、揠苗助长的做法，只能消解学生学习数学的兴趣，浇灭学好数学的信心，对小学生的长期发展起到了不利影响。

第三，个性化发展。数学教学要最大限度地满足每一个学生的数学发展需求，最大限度地开启每一个学生的智慧潜能，为每一个学生提供多样化的弹性发展空间。要改变那种"齐步走"和"一刀切"的一致性发展的做法，尊重和利用学生基于生活经验所产生的带有"童真"的"原发性"思想与富于个性色彩的"异想天开"，使每一个孩子在各自可能的方向上都能得到良好的发展。此外，真正的个性化发展不是一种"被发展"，而是一种自主的主动发展。在小学数学教学中，要采取恰当的教学策略，从呵护、引领到放手、开放，使学生逐步从"学会"到"公学"，真正成为数学学习的主人。

（2）促进教师的发展

优秀教师都是在教学实践中成长起来的。有关研究表明，良好的知识结构、能力结构，专业引领，同行之间的切磋、交流，不断的自我反思，是优秀教师成长的关键要素。教师专业发展所需的教学设计能力、教学实施能力以及教学反思能力都是在教学实践中形成的，教师只有树立终身学习的理念，对教学实践不断进行反思、研究、调整、改进和创新，才能使自己的教学更加适合学生数学学习和发展的需求。

教学过程的交往互动性决定了数学教学是一个开放的动态系统，在这个系统中，既有物质（知识、方法）的交换，又有能量（思想、情感）的交换，不存在能够安全驾驭这一动态系统的具有普适性的教学技能。在教学中，师生共同参与同文本的对话、同他人的对话以及同自己的对话，引导学生尽可能多地组合自己与他人的观点，来建构知识与学习的意义。教师需要有一种倾听、选择和串联各种思想观点的行为能力。这种行为能力不是外在的、被他人告知的，而是在开放性的教学活动中，通过多次尝试与反思逐渐形成的。正如一位外国学者指出的："有经验教师的专业知识只有很少一部分能够传给新手教师，而每一代新人只能重新制造教学的车轮。"在今天，教学已经成为一种富有个性化的创造过程。新课程呼唤着创新型教师，新时代也将造就一大批优秀的创新型教师。

二、小学数学学习论基础

（一）小学数学学习特点

数学学习是学生获取数学知识、形成数学技能、发展各种数学能力的一种思维活动过程。这种思维活动是以"量化模式"为对象的，对于小学数学学习而言，这里的"量化模式"主要是指与现实密切联系的数量关系与空间形式。因此，小学生数学学习的特点主要是指他们在数学思维方面的特点。

1. 小学数学学习是一个逐步抽象的过程

从个体心理发展过程来看，人的思维从低到高大致可分为直觉动作思维、具体形象思维和抽象逻辑思维三个阶段。小学生正处于从以具体形象思维为主要形式逐步向以抽象逻辑思维为主要形式的过渡阶段，他们的数学思维需要经历一个逐步抽象的发展过程。低年级学生的思维更多的是具体形象思维，随着年龄的增长和知识的积累，到高年级具体形象思维会逐步减少，抽象逻辑思维的成分会逐步加大。例如，小学生刚开始学习数学时，总是通过动手操作、观察一些具体形象的事物来建立数的概念和进行数的运算，到了高年级就会逐步开始对事物中数量关系与空间形式进行抽象描述，学会按照某种特征对事物进行分类、用字母表示数、用等式或方程表示数量关系等。

2. 小学生的数学思维具有初步的逻辑性

小学生的抽象逻辑思维水平在不断提高，在解题过程中，能够运用比较、分析、综合、抽象、概括、判断和推理等思维方法，但逻辑思维的总体发展水平不是很高，即使到了五、六年级，大多数学生仍然不能像成年人那样完全借助抽象的数学概念进行思维，往往需要以具体事物及其表象作为自己认识的支柱。

3. 小学生数学学习具有符号化与生活化相结合的特点

苏联数学教育家斯托利亚尔曾指出："数学教学也就是数学语言的教学。"小学数学中数量关系、量的变化以及空间形式均是用符号（运算符号、关系符号、图形符号等）来表示的，这就决定了小学生的数学学习实质上就是对数学符号语言的学习。小学生学这种具有形式化的数学符号时，常常与具体的事物相联

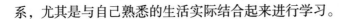

系，尤其是与自己熟悉的生活实际结合起来进行学习。

4. 小学生数学思维发展具有不平衡性

小学生数学思维的发展，在从具体形象思维向抽象逻辑思维的过渡过程中，存在着不平衡性，既表现出个体发展的差异，又表现出思维对象的差异。例如，有的学生习惯于形象思维，有的学生习惯于抽象思维；有的学生强于计算，有的学生强于推理；有的学生能够灵活运用所学知识多角度、多方位地考察问题、解决问题，而有的学生解题方法单一、只能模仿套用常规的解题模式等。

（二）皮亚杰的认识发生论

瑞士著名心理学家皮亚杰（Jean Piaget，1896—1980）创立了认识发生论的理论体系，认为学生在认知结构上的差异与年龄有关，处于不同阶段的学生，其认识、理解事物的方式和水平是不同的。认知发展不是一种数量上简单积累的过程，而是认知图式（图式就是一个有组织的、可重复的行为或思维模式）不断重建的过程。所以，我们不能用成人的思维方式来推断儿童的思维。

皮亚杰借用逻辑和数学的概念来分析说明儿童思维发展的过程。他把运演（operation）水平作为认知发展阶段的依据，认为心理运演具有四个特征。第一，运演是一种内化的动作。内化的动作就是在头脑里想象每一实际动作的结果。第二，运演是一种可逆的内化动作。第三，运演具有守恒性。运演是以某种守恒性或不变性的存在为前提的，能够想象到运演过程中某些不变的要素。第四，运演并不是孤立存在的。

皮亚杰将学生的认知发展分为以下四个阶段。

1. 感觉运动阶段（0—2 岁）

处于这一时期的儿童主要是靠感觉和动作来认识周围世界的。开始，婴儿不能对主体与客体做出分化，婴儿把每一件事物都与自己的身体关联起来，好像自己的身体就是宇宙的中心一样但却是一个不能意识其自身的中心。他们可做的各种活动，相互之间也缺乏协调，看似是孤立、无关的，不会相互影响；活动还没有能够达到内化的水平，还不具备运演的性质。随着活动必需的顺序、重叠、远近、分解、联合的协调，逐渐分化出朦胧的自我和非我的图式，也分化出模糊的主体和客体图式。这些实物性活动中的顺序、分解、联合等关系成为将来发展逻辑结构的最初形式，而顺序、重叠、远近等关系则成为将来发展空间结构的最初形式。

2. 前运演阶段（2—7 岁）

儿童的认知在这一时期开始出现象征功能，可以凭借语言和各种示意手段来表征事物。处于这一阶段的儿童具有以下一些认知特点。

①表象依赖性：表象只能依赖感知活动，依赖具体的对象来表示具体的、静态的思维。

②"前概念"水平：儿童开始概念化，能够将类与个体区别开来，但是只能用实物来把握概念，还不能将内涵与外延区分开来，对"所有"与"某个"的意义也没有能力加以区分。

③"前关系"水平：对因果关系有了一定的认识，开始提出为什么的问题。但因果关系常常只是被他们当作一种解释，而不具有客观性的意义。

④"前运演"水平：不能进行可逆性运演和传递性运演这样的思维活动，他们的思维总体上缺乏守恒性。例如，唯有当两根等长的小木棍两端放齐时，他们才认为它们同样长。若把其中一根朝前移一些，他们则会认为它长一些。

3. 具体运演阶段（7—12 岁）

这一时期的儿童开始具备运演能力。"儿童迄今已对之感到满足的那些内化了或概念化了的活动，由于具有可逆性转换的资格而获得了运演的地位，这些转换改变着某些变量，而让其他的变量保持不变"。但是，这一阶段的运演是直接与客体有关的，在很大程度上要借助具体对象进行操作，正如皮亚杰指出的"形式迄今还没有同内容分开"。因此，儿童在本阶段的运演称为具体运演。具体运演具有以下一些特点。

（1）运演的可逆性

儿童能够用两种以上的关系而不是以一种关系排除另一种关系的方式来处理序列化的活动；能够把"预见和回顾融合为一个单一的活动——这是运演可逆性的基础"，即他们能够进行逆运算和理解可逆关系。例如，给一组长短不等的棍子，他们常常用一种逐步排除法，先找出最短的棍子，再从剩下的棍子中找出最短的，然后一直这样做下去。

（2）运演的守恒性

具体运演的基本特点是"儿童是从一个有系统而且自身闭合的整体来进行思维的"，具体包含三个方面的内容：一是反身抽象，从低级的结构中产生出高级的结构，如从个别对象之间的比较得出局部化的序列，发展到总结出系统整体性的序列关系；二是协调，通过把分散的顺序或局部的联合联结起来以产生出系统的闭合；三是自我调节，使系统的联结就正反两个方面而言达到平衡。

（3）运演的传递性

传递性是具体运演的另一个重要特点，它与守恒性有着密切的联系。运演的守恒性与传递性使得这个阶段的儿童能够通过归纳发现现象中的函数关系，如光线的入射角与反射角的关系。

（4）运演的具体性

处在这一阶段的儿童的运演还无法脱离客体在头脑中独立进行，常常需要依靠具体的物体、图形等，并喜欢动手操作；对公式、法则的理解主要依赖于与之相联系的实际意义而不是形式化的逻辑关系。此外，具体运演结构的组成是一步一步进行的，而不是按照任何一种组合原则，即儿童还不能够形式地进行整体性思维。例如，他们对于"小萝卜的一半加上大萝卜的一半等于小萝卜加上大萝卜的和的一半"的理解是有一定困难的，因为他们还不能够把"小萝卜加上大萝卜的和"作为一个整体来对待。

4. 形式运演阶段（12 岁及以上）

儿童在 12 岁左右，开始不再依靠具体事物来运演，而能够对抽象的和表征性的材料进行逻辑运演，即进入所谓的形式运演阶段。形式运演的主要特征是他们有能力处理假设，而不是单纯地处理客体。学生能够认识、提出命题这种思维对象，能够从假设来考虑问题、从假设推导结论；他们能够同时思考几个事物，或一个事件的多种因素，理解复杂的概念，能对概念下定义，并系统地、逻辑性地或象征性地进行推理。

（三）奥苏贝尔的有意义学习

奥苏贝尔（D. P. Ausubel，1918—2008）是美国当代著名的教育心理学家。在他最有影响的著作《教育心理学：一种认知观》的扉页上写道："如果我不得不把教育心理学的所有内容简化成一条原理的话，那么我会说：影响学习的最重要的因素是学生已知的内容。弄清了这一点后，进行相应的教学。"围绕着这一原理，他建立了有意义学习理论。

1. 有意义学习的实质

有意义学习的实质是将符号所代表的新知识与学习者认知结构中已有的适当观念（概念、原理、公式、定理等）建立起非人为的（非任意的）和实质性的（非字面的）联系。"适当观念"是指学生认知结构中已有的，与新知识存在某种联系的那些知识。它们可以是数学知识，也可以是其他方面的知识、经验等。例如，在学习平行四边形面积时，矩形的面积、三角形的面积以及图形割补的经验均是学习所需的适当知识。"非人为的联系"是指符号所代表的新知识与原有知识之间逻辑上的继承与发展关系，是知识之间的内在联系。例如，要使乘法概念的学习成为有意义的学习，就需把乘法概念与原先头脑中几个相同的数连加的概念联系起来。"实质性联系"是指用不同语言或其他符号表达的同一认知内容的联系。例如，小学生在刚刚开始学习平行四边形的概念时，并不认为矩形也是平行四边形，这是因为在他们的生活过程中，常常是把矩形与平行四边形当作两种完全不同的图形来看待的，这使得他们不能在平行四边形与矩形之间建立实质性联系。

2. 有意义学习的类型

（1）表征学习

数学的表征学习是将数学的名词、符号所代表的具体对象，在认知结构里建立起等值关系，这种具体对象成为数学名词、符号的指代物。例如，学习"三角形"这一数学名词时，学生把"三角形"与自己认知结构中的三角尺、屋顶、红领巾等指代物联系起来，这就是进行"三角形"这一名词的表征学习。儿童早期的表征学习，可以增强数学名词符号的直观性，获得有关它们的直观背景和活动经验，为数学名词符号抽象意义的学习提供直观模型。

（2）概念学习

从逻辑上讲，概念是指在某一领域中因具有共同特征而被组织在一起的特定事物。例如，"三角形"这一概念是指与其他几何图形明显不同的一类客体。学生一旦掌握了"三角形"的本质属性——三条线段首尾相连的封闭图形，就能确定他所见到的图形是否属于"三角形"这一概念。概念学习有两种基本方式：①概念形成，是指儿童通过归纳发现一类物体的本质属性的过程；②概念同化，是指利用儿童认知结构中已有的相关概念，以定义的方式揭示概念的本质属性，从而获得概念的过程。一般认为，小学低年级的概念学习主要以概念形成为主，高年级则主要以概念同化为主。

（3）命题学习

有意义的命题学习是指所学习的命题与儿童认知结构中已有命题建立起相应的联系。奥苏贝尔认为，新学习的命题与学生已有命题之间的关系有三种类型：一是下位关系，是指新学习的内容从属于学生认知结构中已有的、包摄性较广的概念；二是上位关系，是指新命题包摄性较广，它可以把一系列原有概念从属于其下；三是组合关系，是指新命题与认知结构中已有观念既不产生下位关系又不产生上位关系，但具有一些共同的关键属性。

三、数学学科基础

数学是历史最悠久而又始终充满活力的人类知识，也是每个受教育者一生中需要学习时间最长的学科之一。在数学教学中，数学本身是学习活动的载体，是学习者所要认识和把握的客体，是教师进行教育的媒介。教师对数学对象、特点和价值的认识与理解，即所拥有的数学观直接影响着数学教学设计的内容与质量。

（一）关于数学本质的认识

数学的内涵极其丰富。自古以来，诸多数学家、哲学家、教育家从不同的侧面对其进行了揭示，关于"什么是数学"或"数学是什么"，迄今还没有形成一个统一的说法。相对而言，以下三种说法的影响较大。

1. 数形说

亚里士多德是历史上最早给出数学定义的哲学家，他认为"数学是量的科学"。19 世纪下半叶，恩格斯在《反杜林论》中指出："数学是研究数量关系和空间形式的科学。"这也是我国长期沿用的关于数学的"定义"。虽然2001 年版的《全日制义务教育数学课程标准（实验稿）》中提出了"数学是人们对客观世界定性把握和定量刻画、逐渐抽象概括、形成方法和理论，并进行广泛应用的过程的定义"，但在《义务教育数学课程标准（2011 版）》（以下简称《标准》）中，又回到了恩格斯所给的定义上。从对《标准》的解读中可以看出，经过由古到今的漫长发展，现代数学已是一个分支众多的庞大的知识系统，但整个数学始终是围绕着"数"与"形"这两个基本概念的抽象、提炼而发展的；数学在各个领域中千变万化的应用也是通过这两个基本概念而进行的。

需要说明的是，这里所说的数量关系与空间形式，并不限于现实世界，而是包括一切可能的数量关系与空间形式，它们既可以来源于现实世界，也可以是数学自身逻辑的产物。对于小学数学教学而言，主要是认识与把握与现实世界密切联系的数量关系与空间形式。

2. 思维说

众所周知，"数学是思维的体操"。20 世纪 40 年代，数学家柯朗（Richard courant，1888—1972）在他的名著《什么是数学》中说道："数学，作为人类思维的表达形式，反映了人们积极进取的意志、缜密周详的推理以及对完美境界的追求。它的基本要素是逻辑和直观、分析和构作、一般性和个别性。"他认为，不论是对专家来说，还是对普通人来说，唯一能回答"什么是数学"这个问题的，不是哲学，而是数学本身中活生生的经验。要去考虑那些可观测的事实，把它们作为数学概念和构作的最终根源，要放弃数学对"终极真理"的认识以及关于世界最终本质的阐明。

根据柯朗的观点，数学来源于人类的经验，是人类思维的一种表达形式，所研究的对象是"可观察的事实"，应该放弃对"终极真理"的追求。数学是人类思维经验的产物，数学知识并非绝对真理，也不是现实世界的纯粹客观的反映，而是人们对客观世界的一种解释、假设或假说，并将随着人们认识程度的深入而不断地变革、升华和改写，直至出现新的解释和假设。

1973 年，荷兰著名数学家、数学教育家弗赖登塔尔在《作为教育任务的数学》中指出："数学的特性——它寻求各种思想（思维）模式，以供应用者选择使用。"例如，方程提供了寻找未知数的思维模式，函数提供了处理变量问题的思维模式，运算律提供了简化运算的思维模式等。由此，数学活动本质上是一种思维活动，学数学就是要学会数学的思考，能够运用数学的思维方式去分析解决学习、生活和工作中所遇到的实际问题。

3. 模式说

20 世纪中叶，计算和应用的迅速发展促进了数学科学的进一步繁荣，产生了大量前所未有的新方法、新理论、新模型，人们提出一种数学模式观。1939 年，英国数学家、哲学家怀特海在《数学与善》中指出："数学的本质特征就是，在对模式化的个体作抽象研究的过程中对模式进行研究。"1988 年，美国著名数学家、美国数学联合会前主席斯蒂恩进一步指出："数学是模式的科学。"我国数学家徐利治先生对此做了深入的研究，他指出：根据数学模式观的观点，"数学是通过模式建构，以模式为直接对象来从事客观实体量性规律性研究的科学"，这里的"模式"是一种具有普适性的"量化模式"，是指"按照某种理想化的要求（或实际可应用的标准）来反映（或概括地表现）一类或一种事物关系结构的数学形式"。

"量化模式"既有数量关系方面的，也有空间形式方面的，具体可分为属性模式和关系模式两种形式，前者属于"一元判断"（one-place predicate），后者属于"二元或多元判断"（two or more-place predicates）。例如，自然数、素数、三角形等概念所描述的是一种属性模式，而正比例与反比例、运算律、方程、勾股定理等所揭示的是一种关系模式。

（二）数学的基本特点

对于数学的特点，不同的研究者有着不同的阐述。在我国比较流行的看法是苏联著名数学家亚历山大洛夫在《数学：它的内容、方法和意义》中提出的三个特点：抽象性、精确性和广泛的应用性。

1.抽象性

抽象是数学最基本的特征。虽然抽象性并非数学所独有，其他学科也具有抽象性，但数学的抽象不同于其他学科，它舍弃了事物其他方面的属性而仅仅保留了数学关系和空间形式，或者仅仅保留了事物的量化模式。数学的抽象性具体表现在以下方面。

（1）数学对象的抽象性

数学不同于物理、化学、生物和地理等学科，这些学科都是以物质的具体性质和具体的运动形态作为自己的研究对象的，而数学的研究对象是从众多的物质及其运动形态中抽象出来的具有一般性的量化模式，是人脑的产物，并不是客观现实的具体存在物。例如，小学数学的"九九表"是抽象数字的乘法，而不是像苹果的数目乘以苹果的价钱这样的乘法；又如，虽然客观世界中有太阳、月亮、车轮，但并没有数学中所研究的圆，数学中的圆是人脑抽象思维的产物。

（2）数学理论的抽象性

许多不同领域的问题，表面上看起来是完全不相同的，可它们由数学语言表达出来的时候，就可以用同一量化模式来刻画，因为这个量化模式反映了它们的共同量化属性或量化关系。例如，"总数＝份数×每份数"这一量化模式，既可以表示行程问题中路程、时间与速度之间的关系，也可以表示商品买卖中的总价、商品数量与单价之间的关系。量化模式的抽象性使得同一数学理论可以在不同的领域内得到应用，正如恩格斯所指出的："正因为数学可以暂时脱离物质形式而进行研究，所以它在这里提出，却可以在另外的地方应用。"

（3）数学方法的抽象性

数学方法是指数学处理自身对象的办法，它与抽象思维是密切相关的。所谓抽象思维，一般是指抽取出同类事物的共同的、本质的属性或特征，舍弃其他非本质的属性或特征的思维过程。在数学思维过程中，有两类抽象方法。一是弱抽象方法，它是指在同类事物中抽取共同的量化属性，舍弃其他的特征，从而形成新的数学概念的过程。例如，自然数"3"的概念就是弱抽象的产物。在3根手指头、3个苹果、3个人等这类事物中，"个数3"是它们的共同本质属性，于是"3"被抽象出来，而手指头、苹果、人等都是非量化属性而被舍弃。二是强抽象方法，它是指把新的量化属性添加到已有的数学结构之中而形成新数学概念的过程。例如，在一般三角形概念的基础上，添加"一个角是直角"这种量化属性，就可以得到直角三角形的概念。

强抽象是"一般到特殊"的思维过程，实际上是演绎推理的过程，用强抽象构建新的数学概念，对思维水平要求要高一些；弱抽象是"特殊到一般"的思维过程，实际上是归纳推理的过程，这个过程比较直观，它通过直接经验来建构新的数学概念，更贴近小学生的思维水平。因此，在小学数学教学中，更多的是用弱抽象的方法来建立新的数学概念。

2. 精确性

数学的精确性表现在数学推理的严格和数学结论的确定两个方面。数学科学是依靠逻辑推理展开的，而逻辑推理的严格性是大家公认的。只要数学推理的前提是正确的，推理的过程又没有错误，那么，得到的数学结论一定是确定无疑的。虽说通过实验、验证也可获得一些成果，但要作为一项数学结论被确定下来，还必须经受逻辑证明的检验。例如，我们可以极精确地测量成千上万个三角形的三个内角的度数，但这却不能给我们以关于"三角形内角和定理"的数学证明。数学要求从几何的基本概念推导出这个结果。

但是，数学的严谨性是相对的。首先，逻辑不能保证大前提（即公理）的真实性，如果结果与人们的经验相悖，那么就应该研讨所接受的公理；其次，数学的严谨性与数学发展的水平密切相关，随着数学的发展，严谨的程度也在不断提高。在小学数学教学中，因为学生没有处理"假设"的能力，所以还不能利用假设进行推理。因此，一般不要求学生对数学结论进行严格的逻辑证明，只需要通过实验、验证来确认和体验结论的正确性。

3. 广泛性

《标准》在前言中指出，数学与人类发展和社会进步息息相关。随着现代信息技术的飞速发展，数学更加广泛应用于社会生产和日常生活的各个方面。特别是 20 世纪中叶以来，数学与计算机技术地结合在许多方面直接为社会创造价值，推动着社会生产力的发展。关于数学应用广泛性的论述非常多，但最为精辟的应该是亚历山大洛夫在《数学：它的内容，方法和意义》中所指出的三点。

第一，我们经常地、几乎每时每刻地在生产中、在日常生活中、在社会生活中运用着最为普通的数学概念和结论，甚至并未意识到这一点。

第二，如果没有数学，全部现代技术都是不可能的。离开或多或少复杂的计算，也许任何一点技术的改进都不能有；在新的技术部门的发展上，数学起着十分重要的作用。

第三，几乎所有科学部门都多多少少很实质地利用着数学。"精确科学"——力学、天文学、物理学，以及在很大程度上的化学通常都以一些公式来表述自己的定律，在发展自己的理论时都广泛地运用了数学工具。没有数学，这些科学的进步基本是不可能的。

当然，数学应用已远远突破了"精确科学"领域而向人类所有的知识学科领域渗透——数学正在向包括从粒子物理到生命科学、从航空技术到地质勘探在内的一切科技领域进军。与此同时，数学方法也广泛应用于经济学、社会学、历史学和语言学等科学之中。

（三）数学的教育价值

数学作为一门学科，在提高学生的素质、促进学生的和谐发展中发挥着独特的作用。从对数学本质的认识以及数学本身的特点可以归纳出数学的四大教育价值。

1. 科学教育价值

伽利略指出："大自然这本书，是用数学来写的。"数学为其他科学提供了语言、思想和方法，是一切重大科学技术发展的基础。数学可以帮助我们从数与形的角度去认识世界，提高认识的准确性、精确度与预见性，特别是在训练理性思维方面所发挥的作用，这是其他学科难以替代的，它能教给你如何进行有效的思考。

在小学数学教学中，要突出学生数学理性思维的培养，使他们从小就养成数学思考的意识，学会数学地思考，改善思维品质，启迪科学创新意识，增强他们发现问题、提出问题、分析问题和解决问题的能力。

2. 应用教育价值

数学从它诞生之日起，就是人类认识世界、改造世界的有力工具。在现代数学的发展中，数学开始向其他学科全面渗透，即便是一些过去与数学无关联的人文学科也与数学产生了联系，各门学科都向着"数学化"发展，这已成为当今科技发展的一个趋势。因此，数学教育应该加强理论联系实际，让学生在数学活动中认识数学对解决实际问题的工具性作用，认识到数学活动的本质是建立一种模式，并将该模式应用于新的实际问题的过程，培养他们的数学应用意识。

数学应用意识就是一种用数学的眼光，从数学的角度观察、分析周围生活中问题的积极的心理倾向和思维反应。在小学数学教学中，教师应该让学生有意识地利用数学的概念、原理和方法解释现实世界中的现象，解决现实世界中的问题；让学生认识到现实生活中蕴含着大量与数量和图形有关的问题，这些问题可以抽象成数学问题，可用数学的方法予以解决。同时，教师要改变传统教学那种"掐头去尾烧中段"——只讲抽象的数学公式和结论，而不讲数学知识的来源和应用的方法；要注重知识的来龙去脉，让学生知道数学知识"从哪里来"，又会"到哪里去"。

3. 人文教育价值

数学是社会文化的产物，是历史最悠久的人类知识领域之一。从远古的结绳计数到现在高速电子计算机的发明，从量地测天到抽象严密的公理化体系的建立，在五千余年的数学历史长河中，众多数学思想的诞生与发展构成了魅力无穷的人文教育题材。英国科学史学家丹皮尔曾经说过："再没有什么故事能比科学思想发展的故事更有魅力了。"在小学数学教学中，介绍数学家的趣闻轶事、数学概念（或符号）的起源、古今中外的数学思想方法，不但能激发学生对数学的兴趣，而且还能使学生感受到隐藏在数学概念和定理背后的人类的智慧和意志，体会到数学家的高贵品格和无私奉献精神，对陶冶情操、人生观的形成和良好个性的培养均有极好的教育价值。例如，通过介绍我国古代数学的辉煌成绩，既可以激发学生的民族自尊心和自豪感，又可以让学生了解中国传统数学的特点与文化价值，对他们人生观的形成具有很好的指导和定向作用。

4. 美学教育价值

英国数理哲学家罗素说："数学，如果正确地看待它，不仅拥有真理，而且也具有崇高的美。"他的同乡数学家哈代也说过："美是首要的标准，不美的数学在世界上是找不到永久的容身之地的。"

数学美最为突出的特点是它的简洁美，"数学本质上是最求简单性的"。数学的简洁之美首先体现为数学符号的简洁，从自然数到分数、从整数到小数、从正数到负数、从有理数到无理数、从实数到虚数的符号表示、从运算符号到关系符号、从公式到定理的符号表述等，无不体现了数学的简洁性。此外，数学的简洁性还体现在命题的论证上，表现在逻辑体系上，表现在思维经济上。在小学数学教学中，通过实际的数学学习活动，应该让学生真切地感受与体验数学的简单性。

第四节　小学数学核心素养的培养策略

一、小学生数学阅读能力的培养

（一）以创设情境为背景，激发学生阅读的兴趣

兴趣是最好的老师，激发学生阅读兴趣是培养其阅读能力的首要任务。创设互动对话的多种情境，有助于激发学生数学阅读的兴趣。例如，在教学"三角形的面积"的时候，教师可以通过剪一剪、折折、拼一拼等活动，让学生很好地感受三角形面积的特点，在学生初步感知的基础上，教师适时提出："书上对三角形的面积计算方法是怎么概括的呢？"这样就可以激发学生对阅读课本的好奇心，使学生产生强大的阅读欲望。教师还可以创设认知冲突情境，激发学生阅读的兴趣。例如，在教学"分数的基本性质"的时候，教师可以先引导学生改变分子的大小，分数值发生变化；再改变分母的大小，分数值也发生变化。这时教师提出疑问，有没有一种改变使分数值不发生变化呢？带着这个疑惑组织学生阅读课本，激发他们探究的激情，使学生的阅读达到事半功倍的效果。

（二）以数学教材为基础，训练学生阅读的理解

美国著名数学教育家贝尔就数学教科书的作用曾做过较为全面的论述，其中重要的一条就是："要把教科书作为学生学习材料的来源，而且还要作为教师教学材料的来源，必须重视数学教科书理解"。义务教育课程标准也明确指出，教师应该关心学生对数学课本的阅读和理解。重视数学课本的阅读，充分利用教科书的教育价值，已成为现代教育的特点之一。数学教材是数学基础知识的载体，是数学阅读的主要内容。通过阅读教科书，学生不仅可以学习知识、探索规律、锻炼思维，而且还可以通过数学图形和数学规律感知数学无穷的魅力。

数学教材是培养学生阅读的核心材料，教师是组织学生阅读的引领者，数学课堂是进行阅读训练的主阵地，学生是数学阅读的主体。所以，数学教师不仅要对数学教材进行充分利用，而且还要以课堂为中心，引导学生进行有效阅读，使其形成良好的阅读理解能力。以"认识分数"为例，教师可以用"三步阅读法"训练学生理解。第一步，教师示范领读阶段。此阶段是阅读的入门阶段，主要是培养学生的阅读习惯，传授阅读方法。首先教师对例题的内容进行领读，学生跟着教师齐读。在读的过程中指导学生在"平均分"三个字下打上

着重号。教师对其进行解释说明，同时引导学生对"平均分"进行充分的理解和体会，并在此基础上让学生亲自动手将一张长方形纸片平均分成两份，直观感受"二分之一"的概念。第二步，导读阶段。教师指引学生带着问题和任务进行独立的阅读，并提出问题。例如，把一张长方形纸片平均分成四份，每份是它的几分之几？根据图形填出适当的分数。第三步，自读总结，提升阶段。自读教材，完成习题，并在此基础上揭示分数的概念，从而引导学生认识分数各部分的名称以及各部分所表示的含义。

在指导学生阅读数学教材时，不能使学生复制文本的固有意义，不能使学生对文本的理解千人一面，要倡导学生独立去体验和感受，让学生通过自己的体验，把握文本的意义，将阅读文本的过程变成学生积极主动探索学习的过程。

（三）以多种资源为补充，加强学生阅读的能力

增强阅读视野，对表述能力的建构大有裨益。数学阅读是提高数学表述的可行策略。数学读物是教材的补充、强化，生活化的数学课外读物将学生的生活场景和感兴趣的事物与数学知识联系起来，让学生获得更多的数学信息，有利于学生"基本数学活动经验"与"基本数学思想方法"的提高，从而提高学生的阅读能力。所以，教师可以为学生提供诸如数学史、数学学习方法、趣味数学、数学专题讲座等方面的材料供学生阅读，还可以在网上下载一些中外数学小知识等，以扩大学生的知识面，激发学生的兴趣，让学生养成爱阅读的习惯。教师在进行课外资源阅读时要做到有布置、有检查，并经常对学生的阅读进行指导与评价，在班上开展阅读交流，展示阅读成果，使学生获得阅读的成功感，这样有利于学生逐渐形成想读、爱读、乐读的习惯，从而提高学生的数学阅读能力和数学学习成绩。

（四）以阅读方法为指导，提升学生阅读的效率

阅读效率低下是由学生缺乏阅读方法而导致的，因此，教师要着力于培养学生良好的阅读方法。教师要培养学生有选择性地对材料进行略读、精读和复读，不能对所有的材料都一味地进行同样的处理。例如，中外数学小知识等内容，其主要目的是扩大学生的知识面，激发学生的兴趣，因此没有必要进行精读。教师还要指导学生进行课前、课中、课后阅读。在课前阅读时，不能只是安排学生预习什么内容，而应该明确预习阅读的目的，提出一些具有可操作性的预习目标。同时，还要根据学生基础的不同，预设具有层次性和差异性的预习阅读目标，让所有的学生都能体会到阅读成功的快乐。在课堂阅读中，教师要出示提纲，让学生带着问题去阅读教材，阅读概念时要抓住关键词，弄清概

念的含义；阅读定义、公式、图表时，要知道条件和结论是什么，要边读边思考，充分挖掘课本阐述的思想方法。在阅读过程中，教师还要重视阅读的交流与评价，这是激发学生阅读内部需要的重要方法。教师还可鼓励学生写阅读笔记、阅读反思、阅读方法总结等，并在班级交流，把评选出来的优秀成果在班级开辟专栏展示，以此带动学生阅读的积极性。

总之，数学是思维的体操，数学阅读是以学生独立思考为基础的，学生边读边思考，边读边建立知识的联系，并在积极主动地思考中掌握思维方式，提高阅读的效率。

二、小学生自我纠错能力的培养

（一）"顺口溜"纠错法

如果让学生用顺口溜"一变变符号，二变除数变倒数"来纠错效果会很好，这一方法的好处在于让学生重点记住"二变"这个特征。顺口溜简洁易懂，学生编顺口溜不仅能提高学生的思维能力，同时顺口溜的重点是把容易犯错的地方进行强调，也为学生的纠错指明方向（特别是后进生）。下面是学生编出的顺口溜："应用题，要四查。一查查数字（错没），二查查算式（对没），三查查单位（写没），四查查答语（答没）。"

（二）"诊断"纠错法

充分调动学生的好胜心，人人争当啄木鸟医生，比赛谁捉到的"虫"最多。规则：在4人小组内帮同学找错，要求写出病例、病因、诊断及治疗。下面是在进行三位数的加法计算时第3小组学生的一张"诊断书"。

这个方法的使用要先以个人为单位让学生通过查找、讨论、演算、争论，使思维能力得到训练和提高。经过1～2个月的训练后再以小组为单位，帮小组成员捉"虫"及写诊断书，一学期以后可以全班自由捉"虫"写诊断书。

（三）"一题多解"纠错法

一题多解的思考方式是用区别于第一次的另外一种或者几种解法来解答验证原有答案。这个检验的过程就是一个放飞思维的过程，学生的思路从一种可能跳跃到另一种可能，大大地拓宽了学生的思维世界。

（四）"对比"纠错法

让学生把容易犯错的题抄下来进行对比分析纠错。

（五）"重算"纠错法

再次仔细阅读题目，看有没有遗漏的信息，然后用同样的方法再解一次。在第二次解答的时候，虽然思维路径与第一次相同，但因对原有答案持怀疑态度，则会主动寻找原来思路的不足之处，从而使思维更加周密完善。

（六）"逆推"纠错法

这种方法是依据已有答案由果及因，追根溯源。乘法用除法验算（除法反之），加法用减法验算（减法反之），这样能促进学生的逆向思维能力得到良好的锻炼。

以上几种方法旨在通过培养小学生数学自主纠错能力，促进学生质疑、反思、判断等各个方面能力的共同提高。这些方法的使用都要建立在相应的评价鼓励机制下（如积分换礼物），以提高学生自主学习的积极性，降低学生解题的错误率，进而更好地促进学习效果。

三、小学生数学计算能力的培养

在小学阶段的数学教学中，主要培养学生的整数、小数、分数四则计算能力，并要求达到正确、迅速，同时要求方法合理、灵活。为培养和提高小学生的计算能力，使之达到上述要求，可以运用以下教学策略。

（一）培养学生计算的兴趣

大多数数学都是抽象枯燥的，特别是在计算的教学中，学生会感到枯燥，对学生的学习兴趣产生了很大影响。教师在数学教学的过程中，不仅可以利用学生的好奇心和竞争心理特点，而且还可以运用丰富多彩的教学方法，创设生动的情境，激发学生对计算机的兴趣，从而使学生始终保持良好积极的学习态度。与此同时，教师在数学教学的过程中，要让学生畅所欲言，大胆说出自己的想法，并对学生的想法及时做出适当的评价。在学生乐于学习的心态下，教师采用顺水推舟的方式讲解计算方法和注意要点，学生能更好地接受知识，并努力使计算更快、更准确。

（二）理解算理，掌握算法

计算教学的核心是要让学生在切实理解算理的基础上掌握抽象的计算法则，让学生体验由"算理"到"算法"的演变过程，最终达到正确掌握其计算方法，并能熟练计算的目的，让学生知其然而知其所以然。教师不能认为计算教学没什么道理可讲，不必浪费时间去讲解算理，只要学生死记硬背法则，反复练习，题海战术就能达到正确、熟练的程度；也不能只讲"算法"，缺乏对"算理"的诠释，或讲了"算理"但又缺乏对"算法"的提炼优化，或对教材把握不准，用"算法"讲"算法"，忽视了对"算理"的教学。例如，在教学"两位数乘两位数"的计算方法时，教师要引导学生探讨：第二个因数的个位上的数字去乘第一个因数，得到的积的末位为什么要和个位对齐，第二个因数的十位上的数字去乘第一个因数，得到的积的末位为什么要和十位对齐，最后为什么又要把两个积相加。只有理解了"两位数乘两位数的计算"算理后，学生在列竖式计算时，才知道第一步该用第二个因数个位上的数字去乘第一个因数，积的末位和个位对齐，第二步该用第二个因数十位数上的数字去乘第一个因数，积的末位和十位对齐，最后把所得的两个积相加，这样也就为正确、熟练地进行"两位数乘两位数的计算"奠定了"算理"基础。因此，清晰的算理是小学生计算能力提高的重要保证。

（三）强化口算训练

口算是日常生活中经常用到的计算方法，它既是笔算、估算和简算的基础，也是计算能力的重要组成部分。只有口算能力强，才能加快笔算速度，提高计算的正确率。所以，口算的训练要"重在平时，贵在坚持"。在教学中，每天坚持在新课前的 5 分钟对学生进行 20 道计算题的听算训练。低年级重点训练 20 以内的加减法和表内乘除法的口算，使之达到脱口能说出正确答案的效果；中、高年级可结合教学内容和学生掌握的情况进行重点练，也可对于学生难掌握、易出错之处进行突出练。在训练的形式上也不能单一，前期可由老师出题示范在全班进行听算训练，中期可培养选手接替老师完成这一工作，后期可由同桌相互出题进行口算训练后再相互批改。

（四）培养良好的计算习惯

学生在计算上犯的错误多种多样，要么数位对错，要么数字抄错，甚至有的学生计算对了结果又抄错了，还有的把运算符号看错，加法时忘记进位，减法时忘记退位。因此，提高学生计算能力的一个重要方面是平常必须严格要求，使学生养成良好的计算习惯，保证计算的准确性。

1.认真审题

认真审题是计算正确的前提，审题时要看清每个数字和每个符号，观察它们之间有什么联系，还要审运算顺序，明确先算什么，再算什么，最后算什么，更要审计算方法，能简算的要简算，做题前要做到心中有数，这样就能有效地避免计算错误的发生。

2. 重视书写

学生要认真按格式书写数字和运算符号，端正字迹，只有这样，才可以有效避免发生"看错"的现象。教师要做好表率，批改作业要及时、规范、认真；教学板书要清晰分明，不出差错。

3. 细心检验

要求学生凡是抄写下来的部分都要校对。做完题后，用逆运算或再算一遍的方法进行验算，做到不漏不错。

（五）常反思，及时纠错

首先，教师要准备一个本子，收集学生的错题，深入分析其计算错误的原因，有针对性地进行教学，或定期上一节改错练习课，将学生作业中的典型错误板书出来让学生会诊，当"错题医生"，指出错误之处，说明产生错误的原因，并改正过来。

其次，每个学生也要准备一个本子，把每天作业中的错题收集起来，并对此计算错误进行自我反思，再在错题旁边写出错误的原因和改正的方法。

四、小学生数学自主学习能力的培养

新课标在知识观中提到，学生对新知识的获得或现成知识的掌握，都离不开学生的积极参与，学生掌握知识的过程，实质上是一种探究、选择、创造的过程，也是学生的创新精神、科学精神以及世界观初步形成的过程。因此，新课改要求教师在教与学的方法上要有革新，强调教师要引导学生质疑、探究和调查，发扬个性思维。学生的学习方式也由以往的接受储存式的被动学习向探究创新式的自主学习转化，为终身继续学习奠定基础，这就要求我们要加强学生的自主学习能力的培养。《标准》明确指出："数学教学要实现人人学有价值的数学，人人都能获得必需的数学，不同的人在数学上获得不同的发展。数学自学能力的培养，是当前数学教学改革的目标之一。"小学教育作为终身教育的基础阶段以及习惯养成阶段，在培养小学生自主学习能力方面起着尤为重要的作用。

（一）创造外部条件

1. 融洽和谐的师生关系

我国教育有一句古训："亲其师信其道。"在教学活动中经常能发现一些教师很受学生的欢迎，他们的教学内容和思想能够很容易地被学生接受并付诸行动。然而一部分教师虽然有着很不错的教学成绩，但就是不受学生欢迎，学生厌倦他们的课，甚至抵触对立。其中原因就是教师是否有威信，而在师生关系中的威信并不是靠着积威建立的，意图通过严词来建立威信的往往会取得反效果，受到学生的抵制，真正的威信是建立在融洽、和谐的师生关系上的。而融洽、和谐的师生关系需要教师和学生做朋友，多以朋友的身份和语气与学生进行沟通交流，多站在他们的角度上为他们考虑、思考。小学生正处在模仿学习的阶段，一旦小学生接受了教师，就会以其为榜样和典范，积极主动接受教师的理念，这样在培养学生的自主学习能力时学生才会主动积极地合作。可以说融洽、和谐的师生关系是培养小学生自主学习能力的第一步。

2. 鼓励表扬学生的自主学习思维

奥苏贝尔认为，成就动机能让学生拥有试图获取好成绩的倾向，附属的内驱力是成就动机的主要成分，附属的内驱力有比较明显的年龄特征，在年龄较小的学生身上，随着年龄的增长和独立性的增强，附属的内驱力不仅在强度上有所减弱，而且在附属对象上也从家长和教师转移到同学和朋友身上。在小学阶段获得教师的赞扬占有很大的附属内驱力比重，所以，教师要多鼓励和表扬小学生的自主学习精神，并引导小学生学会赞赏身边的同学。天才是夸出来的，特别是小学生处于需要建立自信的阶段，多对小学生的自主学习成果予以肯定或表扬，能充分调动其自主学习的积极性，增强其自我效能感，变外部动机为内在动力。

3. 在学习时多引导学生自主学习

以小学二年级数学上册"乘法的初步认识"为例，若是按照以往的教育模式，那就是直接引入乘法，学生在学习知识的过程中生硬且被动，缺乏主动参与、自主思考。

教师要对学生举的例子予以表扬并加以鼓励，然后多举几例让学生学会相同数的加法到乘法的转换，并强调相同数字重复出现就可以用乘法表示，出现几次就乘以几。在该类知识的解决问题教学中引导学生自主举例，以小组为单位进行自主提问和解答，并收集问题全班集体进行解决，这样更贴近于生活，而不是局限于书上的条条框框。让学生将数学知识运用到实际生活中，在整个学习过程中充分引导学生的自主学习，由学生自主创设情境并交流解决，激发学生自主学习的内在需求。

（二）激发内在动力

1. 帮助学生建立自主学习的内在需求

帮助学生正确认识数学。受传统教育的影响，大部分学生都认为数学实际用处不大，枯燥且无味，欠缺对数学的学习兴趣与学习动力。因此，需要教师在教学活动中让学生感受到在生活中数学无处不在，多以学生生活中的事情为例引入数学问题，多让学生体会到成功的愉悦，让数学的解题过程变成一个又一个类似于侦破案件的过程，而学生则是一个又一个的小侦探，以激发学生学习数学的兴趣，使学生对待数学由以往的被动接受到主动接受、自主学习。

2. 加强学生自主学习的引导

引导学生课前进行自主预习，这样学生在学习时就相对较轻松，有利于学生学习信心的建立。引导学生课时自主思考、合作交流，由以前的思维定式变为思路多元化，由以前的被动接受变为主动参与、积极思考。引导学生课后进行自主复习，这不仅能帮助学生回忆巩固已学知识，还能自主发现学习中的不足，形成一个良好的学习习惯。引导学生进行自我评价、自我反思，将作业由以前被动完成的任务变成完成学生自我评价、检验自我学习成果的主动参与。

3. 加强劳动教育

我国目前的小学生大部分为独生子女，家长尤为溺爱，在家基本什么都不让孩子做，严重忽视了学生的劳动教育。美国有一所综合评分超过哈佛的大学——幽泉学院，该校为两年制学校，每年只在全世界招 10 ～ 15 人，毕业后能免试直接转入哈佛、耶鲁、牛津等世界知名大学读大三，而该校的特色就是劳动教育。该校的每位学生每周都有 20 小时的苦力劳动，学校的办学宗旨是劳动、学习、自我管理。劳动不仅能强健体魄、培养坚韧的性格，还能培养人的自律与自我管理能力，而这些正是当代社会成功所必需的。小学教育加强劳动教育能帮助学生从小树立坚强的性格和良好的自律精神，有利于小学生更好地进行自主学习。

五、小学数学教学思维能力的培养策略

《标准》指出："发展学生抽象思维和推理能力，培养学生应用意识和创

新意识，并使学生在情感、态度、价值观等方面得到发展"。可见，数学教育在促进学生全面发展、培养其创新思维方面是不可替代的，学生思维能力的提升与学生已有的知识经验、思维方式以及教师的教育教学能力息息相关。那么，如何在小学数学教学中有效地提升学生的思维能力呢？我们可以从以下几方面进行思考。

（一）激发学习动机

兴趣是最好的老师，在教学中只要把学生思维源泉的闸门打开，学生思维的泉水就会源源不断地涌出来。因此，在数学学习中，教师应最大限度地激发学生的学习动机、调动学生的积极性、引发数学思考、鼓励创造性思维。

例如，在推导圆面积公式后，要求学生再次认真观察教师的推导和演示过程，思考把一个圆割拼成一个近似长方形后，这个长方形的面积、长、宽与原来圆的哪些知识有关联？是什么关系？学生在充分掌握公式来龙去脉的情况下，再出示：把一个圆割拼得到一个近似长方形后，这个长方形的面积为 $50.24cm^2$，那么长方形的长为多少？由于学生能把已有知识合理运用，很快便会明白，长方形的长相当于割拼成长方形的圆周长的一半，要求周长，需要知道半径，要求半径，需要知道面积，而圆面积就是割拼成的长方形的面积。由此，学生大胆完成练习，圆半径平方为：$50.24 \div 3.14=16$（cm^2），半径为 4（cm），则长为：$314 \times 4=12.56$（cm）。

（二）理清思维脉络

学生思维的发展是寓于知识发展之中的。在教学中，每个知识都是已学知识的升华，都为新的知识奠定了基础，只有在厘清脉络的基础上抓好起始点和转折点，才能实现事半功倍的效果。

在教学"年、月、日"一课后的复习课上，师生共同完成数学接龙游戏，看谁知道多。例如，"看到 28 想到什么"，想到 2 月为平月，平月所在年为平年，平年 365 天，一年 12 个月，7 个大月，4 个小月，2 月为特殊月……"看到 366 想到什么"，想到闰年，闰年 366 天，闰年 2 月 29 天，怎样判断是否为闰年，闰年第一季度 91 天……这样，学生将知识进行巩固提升，形成系统性，就能够运用自如。

（三）积极参与实践

学生的数学学习活动应当是一个生动活泼的、主动的和富有个性的过程。除接受学习外，动手实践、自主探索、合作交流等也是数学学习的重要方式，这些学习方式需要学生在学习中积极参与，每一次参与都是学生思维发展的有效途径。

在教学圆锥体积时，教师们都会想学生为什么在学习本知识后涉及圆柱与圆锥相关知识综合练习，求相关问题时经常出错，如"判断题：圆锥体积为圆柱体积的三分之一""填空题：圆柱和圆锥体积相等，圆柱和圆锥半径的比为2∶3，那么它们高的比为多少？"原因在于学生未把圆锥体积的由来彻底弄懂，未对圆柱和圆锥体积的关系建立正确的思维模式。在教学圆锥体积时，教师可以把学生进行分组，让学生动手实践、填写表格和汇报结果。

学生把教师准备好的学具空心圆柱、空心圆锥、细沙进行反复倒、装，完成表格，汇报情况。

学生通过猜想、实践、验证、汇报整个过程来全程主动参与，激发兴趣，激活思维。教师在学生汇报后提出：要想两者建立关系，条件必须一定，即等底等高的圆柱和圆锥，圆柱体积是圆锥体积的 3 倍，反过来是 1/3。学生经历这个过程后，做练习时会主动想到它们的联系与区别。

正如苏霍姆林斯基所说："手脑之间有着千丝万缕的联系，手使脑得到发展，使它更加明智，脑使手得到发展，使它变为思维的工具和镜子。"只有经历猜想、探索、实践和思考等过程，才能把知识内化，才能不至于死记硬背而不能活用，从而做到举一反三，类比运用。

（四）合理选择方法

方法的合理取舍可以使学习更加轻松，提升学习兴趣，增强学习信心，养成良好习惯，起到事半功倍的效果。

1. 类比推理的运用

类比推理就是根据两类物质之间一些相似性质而推导出其他方面也类似的推理方法，如在教学文字叙述题时，学生可以选择语文学科中缩句（提主干）的方法。

首先提主干，学生明确"除"的意义的前提下能提取主干"差除和"，谁与谁的差？谁与谁的和？学生很快运用四则混合运算的要求列出：（64+36）÷（30-20），可能有的学生列成 64+36÷30-20，教师应合理引导，最后一步是不是求商？如果这样列式就应先算 36÷30，那么这是不是和除以差……

这样一来，学生便可以掌握类似题目的解题策略，充分体现课程标准提出的"要将数学与其他学科密切联系起来，从其他学科中挖掘可以利用的资源来创设情境，利用它来解决问题"的要求。

2. 情境创设的优化

现代心理学认为，教学时应设法为学生创设逼真的问题情境，唤起学生的思考欲望。情境的优化可以将学生陶醉在其中，真正领会数学的内涵，明白数学与生活密切相关，感受数学带来的乐趣。

在教学"平均分"时，教师这样设计，请同学们将 6 个桃子第一次分成 2 堆、第二次分成 3 堆……第五次分成 6 堆，学生通过思考得出各种答案，教师便引导，在每一次的分法中哪些分法分得更公平？显然同样多更公平，根据学生的见解老师总结，像你们说的每堆一样多在数学上就叫"平均分"。

在教学"（ ）"时，出示 10-8+2，有的学生说结果得 0，有的学生说结果得 4。教师提出为什么同一道题有不同结果，并根据学生说出计算顺序后得出答案，既然大伙儿要先算它，就标注出来吧！学生很快行动起来：有的标圆圈，有的标下划线，有的标波浪线，等。教师在充分肯定的同时总结，为了各自意见统一，数学上便选择了"（ ）"。

这些情境的创设和推理方法的运用，在充分理解挖掘教材、了解学情的基础上收放自如，效果明显，让学生体会到数学课堂的乐趣。

（五）思维方式建模

《标准》提出："建立数感、符号意识和空间观念，初步形成几何直观和运算能力，发展形象思维与抽象思维，在学生初步形成模型思想的基础上，提升学习兴趣和运用意识。"数学中只要学生学会用模型思想，善于从多角度思考问题，方法优选，就一定会学得轻松、学得实在。

教学根据图示列算式，根据算式画图形，如 20+13、15-6、2×4、45/9、1/2×2/3 等怎样作图表示，反过来怎样根据图示列出算式，这些要求学生必须掌握算理，形成模型思想。

把概念、图形、实物有机联系，在教学周长概念时，就可以让学生进行操场集体跑步，再选择其中两位同学，一个进行外道跑一个进行内道跑，并引出问题：为什么两人速度差不多，内道的同学先到终点？以此制造学习矛盾，引发学生认知冲突，引出"周长"的概念等。由具体事例抽象出概念再到认知，学生学习兴趣浓，学习效果好。

倒数的性质不在感官在于运算角度等，如在教学"倒数"时，学生往往把倒数的认识停留在表层，感官上认为分数形式位置颠倒就是倒数，实际倒数主要应该从概念入手，抓住教材的本质，进而形成概念的建模。

这些在数学领域冰山一角的知识足以体现数学知识需要在头脑中建模，尽可能做到理解数学知识的由来和联系，能够进行知识的内化、知识的延伸和知识的运用。

总之，数学思维能力在社会的各个领域运用广泛，只有有目的、有策略地实施思维训练，才能提升思维能力和学习质量，有效促进人的全面发展。

六、小学生数学语言口头表达能力的培养

（一）数学语言的概念及意义

荷兰教育家弗赖登塔尔说过，数学学习的过程就是通过数学语言用它特定的符号、词汇和句法去认识世界。数学语言是一种数学符号、数学术语、数学图形和经过改进自然语言组成的科学化专业语言，是人类数学思维在长期发展过程中形成的特殊表达形式。相比于一般语言，数学语言是表达数学思维的专用语言，具有抽象性、准确性、简约性和形式化等特点。

（二）小学生数学语言表达能力的现状

1. 表达不积极

小学数学课堂上，很令老师头疼的是，当老师提出问题时看见一个个学生的头都低下去了。

2. 语言欠准确

小学数学课堂上，经常会出现学生回答问题、讲解解题思路或描述学习过程时，出现用词错误的现象。例如，把单位名称"m^2（平方米）"说成"m的平方"等。

3. 表述缺条理

小学数学课堂上，发言的学生对较复杂的题目表述时语言过多、出现重复，有的甚至前言不搭后语，这都是学生数学语言表达能力缺乏条理性的表现。

（三）提高小学生数学语言表达能力的策略

1. 改变教师理念，感悟数学语言

很多小学教师对数学语言表达的教学地位存在片面性认识，认为"咬文嚼字"应归属于识字、阅读、写作教学，是语文老师的任务，没有从思想上引起对小学生数学语言表达的重视。数学语言具有高度的抽象性，小学生只有学会

了有关的数学术语、符号、原理，才能达到对书本的正确理解。因此，在教学中教师更应该认真细致地教学生阅读，让学生勤思多想，发挥引导作用，让学生听数学语言、说数学语言、读数学语言、写数学语言，并且改善数学语言环境，丰富教学形式，活跃课堂气氛，吸引学生积极参加课堂活动，调动学生的积极性，让学生们感悟数学语言的魅力。

2. 潜移默化，让学生"仿"说

瑞士心理学家皮亚杰认为，儿童具有较强的模仿能力，这就需要课堂上数学教师的语言力求用词准确、简明扼要、条理清楚、前后连贯、逻辑性强。数学教师的语言应该是学生的表率，不应该认为提高学生语言表达能力仅仅是语文老师的事。要培养学生数学语言的准确性，这就要求教师自己的数学语言要规范，给学生做出榜样。俗话说："台上一分钟，台下十年功。"首先，教师应该透彻理解数学概念，确保自己能够正确描述数学知识，多加推敲那些存在疑惑的地方，并多与专家、同事进行交流，保证课堂语言"零错误"；其次，教师在课堂教学中应该有的放矢地对规范的数学语言加以运用，小学数学教学中有很多数学专用名词，教师要保证一字一词的教学准确性，如不可混淆"除"和"除以"。

3. 创设情境，让学生"想"说

让学生把自己"融入"数学情境中，鼓励他们毫无顾忌地尽情去想、合理去想，并且自觉主动地表达自己的观点，发表自己的见解。在教学中，大多数认为情境教学法比较好，在课堂开始的时候创设一个学生相对比较熟悉的情境，引导学生去说。例如，西师版小学数学二年级中认识长方形、正方形时，先让学生们去发现教室里哪些是正方形，哪些是长方形，再让学生们仔细观察它们有什么相同的特征和不同的特征。又如，西师版小学数学三年级中认识东、南、西、北时，先让学生分为四组坐在东、南、西、北四个方向，中间空一场地，然后让学生到中间面向一个方向去体验，并说说自己的东、南、西、北方各有什么。

4. 精心设计问题，让学生"敢"说

首先，提出的问题难易程度要适宜。教师要根据学生的知识基础精心设计问题，让不同类型的学生回答，不可让思维敏捷的学生独占。

其次，要把握好提问的时机和方式，这样既能够集中学生的注意力，激发学生的兴趣，又容易创设探究的氛围，唤起学生积极的思维活动。

再次，问题要具体、明确，具有启发性。长期以来教师的设问方式不当，为了所谓的"及时了解"学生在课堂上的学习情况，采取简单、公式化的提问，教师和学生只是形成了简单的一问一答的情形，如"下一步怎么算""求和用什么方法"……这些问题不仅思维含量低，而且破坏了学生表达的整体性，限制了学生的思维发展。小学生的生活经验少，理解力薄弱，教师在课上提问过多、过难或太过简单都会影响学生的数学语言表达能力的完整性。因此，在教学中，教师提问的时候应尽量用"你们知道这是为什么吗""你来试一试啊""让我们一起来做这道题，好吗"等诱导性语言使课堂气氛更加民主、活跃，让学生在思想上变得轻松，愿意勇敢地提出问题和发表看法。

最后，问题形式要多样化、贴近生活，激发学生的求知欲并有意培养学生的思维能力和语言表达能力。数学问题不仅要与学生的生活实际相贴合，而且还要密切关系所学的知识，从而使学生主动参与表达，让学生"敢说"。

5. 重视训练，让学生"善"说

在数学教学中，教师不仅要引导学生进行"说"的训练，还要注意训练形式的多样化，要使人人都有说的机会，不要怕时间花得多。在教学中，教师应该多下功夫，加强学生说的训练，使学生练出口才、练出胆量，更练出本领来。在课堂中，教师要多引导学生采取不同的方式表达数学思维的过程和结果，激励他们各抒己见、相互学习、相互补充，让学生说得有理、说得连贯、说得完整，进而使学生说出智慧。例如，在解"$560 \div 80 = ?$"这道题时，教师应先让学生独立思考，经过同桌交流得到一到两种方法，再经过小组汇总，筛选出一些学生认可的方法，然后经过全班反馈，从中得到相对优化的解决方法。教师在讲解"$560 \div 80 = 560 \div 8 \div 10$，$560 \div 80 = 560 \div 10 \div 8$"时，应多给学生提供语言训练的机会，使学生能够在表达、倾听与比较中，极大地提高自己语言表述的条理性。经过长期这样有意识地训练，学生就会逐渐说得有条有理，必然也会反映出他思维上的条理性，这将极大地促进学生的语言表达能力的发展。

学习数学，事实上是对数学语言的学习。学生理解和掌握数学知识，其实就是理解和掌握数学语言。一般而言，掌握数学语言是学习数学知识的基础，只有对数学语言灵活掌握，才能更好地对其数学思维能力进行培养，促进其解决数学问题能力的提高。因此，数学语言的表述在小学数学教学中有着重要的作用。因此，教师在教学中要力求使每个学生的数学语言都达到准确化、条理化、完整化。

第五章　初中数学教学与核心素养的培养

随着新课改的不断深化，数学教师原有的一些教学观念、教学方法和教学手段都受到了新的冲击和挑战。因此，初中数学教师应不断改进教学方式，提高教学质量，注意培养学生的数学核心素养。本章主要阐述初中数学课堂教学设计、新课改下的初中数学教学以及初中数学核心素养的培养策略。

第一节　初中数学课堂教学设计

一、初中数学课堂教学导入设计

课堂是教学的主阵地。课堂教学的好坏直接影响学生学习的效果。在新课程理念下，有效的数学课堂教学要以学生的进步和发展为宗旨，教师必须具有一切为学生发展的思想。因此，在教学中教师应根据学生和教学内容的特点，讲究教学策略，钻研教材，精心设计、灵活组织学生的学习活动，课后要进行教学反思，才能逐步克服低效和无效的课堂教学，从而提高课堂教学的有效性。

（一）实例式导入

实例式导入是通过分析与教学内容相关的生活实例，并从中归纳出某种规律来导入新课的方法。这种导入强调了实践性，能使学生产生亲切感，起到触类旁通之功效，同时让学生感觉到现实世界中处处充满数学。实例式导入特别适用于对抽象概念的讲解。

（二）史实式导入

现行初中数学教材中，有很多内容都与数学史有关。因此，在讲授这些知识时，可首先给学生介绍一些相关的数学史实，以提高学生的学习兴趣，培养学生对数学的探究精神。

（三）活动式导入

活动式导入富有启发性和趣味性，能够通过演示、观察、实验等帮助学生运用表象激发思维，促使学生建立符号表象，使学生更容易理解抽象概念。在数学课堂中运用活动式导入能活跃课堂氛围，提高学生学习的积极性，产生良好的教学效果。

（四）设疑式导入

设疑式导入是教师通过设置疑问，来激发学生的求知欲，引发学生积极思考，寻找问题答案，从而引出教学主题的导入方法。设疑式导入要根据教学重点和难点，巧妙设疑。所设的疑点要有一定的难度，要能使学生暂时处于困惑状态，营造一种"心求通而未得通，口欲言而不能言"的情境，还要善问善导，注意激发学生的思维。

（五）审题式导入

审题式导入是在课堂开始时，教师直接板书课题，通过引导学生探讨、分析课题完成导入。审题式导入开门见山，教师针对课题精心设计问题，既突出了主题，又能使学生思维迅速定向，迅速进入新课学习中。教师在导入过程中要善于引导，使学生朝着一定的方向思考。

（六）类比式导入

类比式导入是通过比较新教学内容和与其相似的数学对象之间的共同属性来导入新课的方法。教师通过挖掘教材中可作类比的内容来导入新课，能培养学生的推理能力，使学生学会运用类比的方法去分析和解决问题，从而提高学习的积极性。类比式导入一般选取已知的数学对象进行类比，这样的引入较为自然。导入技能应注意时间合理、目的明确、富有启发性等问题。教师善"导"，学生方能"入"。

二、初中数学课堂教学模式

（一）"引导—发现"模式

新授课一般采取"引导—发现"模式。在这种模式中，教师不是将知识直接灌输给学生，而是精心设置问题，引导学生不断思考，激发学生的求知欲，学生在自主探索、分析和解决问题、合作交流的过程中逐渐掌握新知识，进而提高学生的创造性思维能力。

1. 创设情境

教师通过分析教学内容的重点和难点，精心设计问题，创设问题情境，引导学生进入课堂学习氛围，引起学生学习的欲望。根据不同的教学内容，设计的问题可以是经过交流基本能解决的问题，也可以是虽不能完全解决，但可以设计出解决方案的问题。

2. 探究尝试

在探究尝试环节中，教师引导学生通过分析、观察、归纳、总结、推理等去探索与研究，逐步解决设计的问题。教师在探究尝试环节中应主动参与，对学生加以调节和引导，使问题不断深入，启发学生的主观能动性，使学生积极参与，真正学会"数学的思维"的过程。

3. 数学交流

教师在课堂教学中应创设教学活动，引导学生进行积极思考和相互交流，尝试得出结论，然后教师通过必要的讲解，明确这些结论，根据学生的回答有明确"对"或"不对"的交代，并讲解这些结论在整个知识结构中的作用。在此环节中，教师应尊重和鼓励学生发散思维，产生创造性的想法。

4. 解决问题

在解决问题的环节中，教师应围绕教学重心科学设置问题，引导学生积极思考、分析和解决问题，进一步掌握所学知识，提高运用知识的能力，然后教师根据学生的反馈信息，有针对性地进行讲解。

5. 巩固提高

教师通过对数学概念、规律、题目的形式等进行多角度的变化和延伸，编制具有开放性和探索性的问题，让学生探索、分析、交流，从而加深对知识的理解，培养学生的创新型思维。

6. 反思升华

通过前面几个环节，学生对本节课的内容已经有了较为深入的理解。此时教师应引导学生进行反思升华，对知识进行整理和总结，对思想方法进行提炼。在这一环节教师应起引导作用，尽可能地让学生进行自我总结。

（二）"整合—创新"模式

复习课一般采取"整合—创新"模式。学生复习的过程就是对已学知识进行整理、巩固和提高的过程。在这一过程中，教师应以学生的活动为主，充分发挥学生的主观能动性，发散学生的思维。"整合—创新"模式的特点是对学过的内容以问题的形式展开讨论，引发学生积极思考，学生在分析、探索和交流的过程中巩固知识与技能，能培养学生积极思维的习惯，培养学生之间的合作学习能力。教师在"整合—创新"模式中应创设有利于学生主体发展的环境，使学生的创新思维得到充分发展。

1. 知识梳理

复习课应引导学生对已学知识进行分类整理，可由学生自主整理知识，也可由教师出示问题，让学生回顾已学知识，从而加深理解。知识梳理可让同学通过回忆、思考等方式，把单元知识结构化，建立自己的知识系统。

2. 归纳质疑

在学生构建知识系统后，教师应指导学生归纳总结单元的数学概念、数学规律、数学思想、解题技巧等，组织学生质疑答辩、互助评价，培养学生的归纳总结能力。在归纳质疑环节中，教师选取典型题、变式题和易错题，查找学生的薄弱环节，让学生克服思维定式，通过对问题的分析，引导学生抓住知识的重点，补充对问题解决的认识和方法。

3. 思维训练

在思维训练环节，教师应根据单元知识，精心设计题组，如概念题组、易错题组和方法题组等进行思维训练。教师应注意问题的层次性，灵活变换问题形式，营造问题情境，以调动学生的积极性，发散学生的思维，培养学生自主探索、分析、研究的能力。在问题处理后，教师还应留给学生足够的时间进行反思。

4. 数学交流

数学交流环节要求学生全员参与，充分发挥学生的主体作用，学生应积极发表自己的见解，在相互交流中不断修正、完善自己的观点，通过交流归纳出规律、方法、技巧等，为应用创新奠定基础，使发散思维得到充分训练，提高学生分析信息、处理信息、交流合作等能力。

5. 应用创新

在传统复习课中，教学模式主要为"模仿—重复"，教师示范、学生模范、如此反复练习，但机械的训练缺乏独立思考，不利于培养学生的思维。复习课应进行延伸，以体现复习课的发展性和灵活性，培养学生的创新意识和应用能力。"整合—创新"模式中的应用创新主要以开放性问题、一题多解等为主，同时展示共性或典型的问题。教师在应用创新环节中应注意提升问题解决的广度和深度，调动学生的求知欲望，发挥学生的主观能动性。

6. 整合完善

在整合完善环节，教师通过整理共性问题和易错问题，出示针对性问题进行矫正补偿，进一步完善所复习的知识，培养学生的分析、归纳和综合能力，达到复习的目的。真正的学习是融会贯通，创造性的学习。整合完善要求学生自主完成，形成知识方法体系，让学生学会学习。

（三）"反思—诊断"模式

讲评课主要采取"反思—诊断"模式。讲评课将考试评价与课堂教学有机结合，针对数学测验后的学生反馈情况，在教师的组织安排下，让学生自主纠错，使学生清楚自己存在的问题并及时纠正。在相互交流中，学生之间相互取长补短，从而进行自我反省，找出认知差距所在，激发学生对数学的学习动力，培养学生的自学能力。

1. 统计分析

在讲评课之前，首先应对学生的答题情况进行统计和分析。统计应以全班学生为样本，统计平均分、及格率、优秀率、各题的得分情况。分析试卷应注意以下几点：第一，分析学生失分较为严重的题目，教师应详细讲评；第二，重点讲评试卷考查的重点和难点；第三，分析标准答案和评分标准。同时教师还应分析在讲评时穿插哪些补充内容。通过统计与分析，教师才能在讲评时有的放矢、对症下药。

2. 自我反思

根据试卷的完成情况，要求学生进行自我反思，检查自己的错误，分析错误的原因，并通过查阅课本、反思等解决问题。教师应了解学生的问题解决情况，让学生总结问题解决时用到的方法、规律和策略，让学生针对学习方面存在的问题提出改进措施，教师在这一过程中应对学生加以引导。

3. 小组诊断

对学生自查不能自纠的问题，提交小组讨论，通过组内同学的讲解和研讨，尽量解决所提出的所有问题。这样既能推动学生积极参与，又能培养学生乐于助人的精神，还能训练学生语言表达能力，增进同学间的交流和友谊。

4. 集体诊断

在集中诊断环节，教师应给予学生表述自己思维过程的机会，找出共性问题和差异问题，启发学生寻求解决问题的方法，通过解答，追溯误区，弥补学生思维缺陷。教师应让学生对试题自我评价，同时教师应注意总结，提升问题解决的广度和深度。

5. 补偿深化

试题由于受考试卷面和时间等的限制，不能涉及所学的全部知识，命题者往往以点带面考查学生对知识的掌握程度。因此，教师在讲评时不能就题论题，对学生出现的问题，应进行针对性的补偿深化，通过变式训练，多角度分析问题，开拓学生的思维，活化学习过程，尽可能地建立知识间的联系，从而优化解题方法，提高学生的数学能力。

6. 归纳总结

一份试卷讲评结束后，并不意味着学生已经完全掌握所有的知识。因此，教师还应进行归纳总结，做巩固加深的工作。教师可以根据学生在试卷中出现的问题精心设计练习题，当堂反馈补救，还可让学生自己设计一份试卷，以便课后复习巩固。另外，教师应让学生建立错题档案，将知识性错误整理到错题本中，时时不忘归纳整理，构建知识结构。

三、初中数学课堂教学活动设计

（一）教学活动目标

优质的数学课堂教学，需要好的教学情境为课堂造势，同时，也需要好的数学活动为课堂造势。在课堂上落实数学核心素养，需要谋划好数学课堂教学活动。不同的学生在参与同一数学活动时是有差异的，他们已有的数学知识、经验，他们对数学的态度等，都会对他们参与数学活动的兴趣、过程及结果等产生直接的影响。数学活动的主体是学生，学生参与活动的方式方法多样而灵活，应为他们提供自由活动的空间和时间。

目标一般有两个含义，一是指射击、攻击或寻求的对象，二是指想要达到的境地或标准。对于数学活动来说，活动目标的含义更多是指第二种，即活动最终能解决问题及问题解决的质量。一般情况下，数学活动目标是在课程标准的指导下，由教师根据课程标准的要求，综合教学任务、学生的具体情况及教学环境等诸多因素来确定的。简单地说，活动目标是由课堂具体的教学目标确定的。每一个课堂活动，都承载着相应的具体的课堂教学目标。因此，目标的确定决定着课堂活动设计、组织与实施的方向与质量。

与课堂教学目标设计相类似，数学活动目标的设计应基于课堂教学目标的要求，围绕达成课堂教学目标而展开。因此，在进行课堂活动目标的设计时，要在课程标准的统领下，对课堂教学目标进一步具体化分解，以保证当所有相关的课堂活动实施结束后，能达到或超过预设的课堂教学目标。

课堂活动目标的拟定，虽然不需要像课堂教学目标那样，明确地在教学设计中写下来，但也应如拟定课堂教学目标那样，预定清晰的、具体的、可检测的活动目标。这些目标应清晰地存在于教师的心中，并通过具体数学活动的实施而逐渐显现出来。很多时候，甚至还需要在课堂活动实施之前就让学生了解，让学生清楚活动所应达到的效果，并以此来评价课堂活动的效果，促进学生有效地参与数学课堂活动。有时虽然不需要明示出目标，但教师也需要了然于胸，以此来有意识地指导课堂活动的方向，在活动的最后，再根据预设的活动目标，检验与反思活动的质量。

让学生明晰活动目标，是使数学活动得以顺利进行、提高活动效果的前提，也是减轻学生参与活动的认知负担，提高活动兴趣的基础。当然，不同数学活动的目标是有差异的，就算对于同一个数学活动，出于不同的课堂整体教学目标，也是有区别的。在数学活动中，选择什么样的活动目标，在设计活动时就应分析拟定，并通过相应的具体的教学行为来保证活动目标得以顺利达成。

与课堂教学目标类似，数学活动目标也包含显性目标和隐性目标。显性目标一般是指知识与技能目标、过程与方法目标，对应数学核心素养中的数学知识与数学能力两个方面。它是通过具体的问题解决来检测的。隐性目标一般隐藏在活动的过程中，并通过学生在活动中的具体行为表现而显现出来，可根据学生的具体行为表现及表现的水平来做出相应的水平评价，对应数学核心素养中的数学思考、数学思想与数学态度这三个方面。因此，活动目标的设计是促进数学核心素养在数学课堂教学中得以落地的重要因素。

在组织学生进行数学活动时，不仅要关注活动的结果，也要关注活动的过程，只有当数学活动的过程得到真正落实时，活动的预期目标才会如期而至。

数学活动需要学生的真正参与，需要学生亲身经历知识的发生发展过程，探索问题的解决思路，并体验数学知识的意义。因此，与课堂教学目标类似，数学活动目标也包含过程性目标与结果性目标。过程性目标是指活动过程中，每一个活动环节所应达到的阶段性目标，而结果性目标是指整个活动结束后所应达到的活动目标。当然，具体数学活动的过程性目标与课堂教学中的过程性目标又有差异。课堂教学的过程性目标，更多是以经历、体验、探索等表示过程性学习的词来进行描述的，而数学活动的过程性目标，更多是指在数学活动过程中，当活动进行到某一程度或某一阶段时所能达到的阶段性目标，更多是以实验猜想、推理、验证、表述等词来进行描述的。

在组织学生进行活动时，需要确保学生经历上述每一个环节的活动，并根据学生在每一环节活动中的具体表现而做出合适的评价。当学生遇到困难时，或学生的活动偏离目标时，教师或给出提醒，或给出指导，或给予具体支持，保证学生每一个环节都能顺利完成任务，达到预期的目标，从而保质保量按时完成这一探索活动。

由此可见，一个数学活动，由一系列相关的具体的数学子活动组成，每一个子活动都包含具体的、可以检测的目标。教师在课堂上发挥组织者、引导者与合作者作用的具体表现，是让学生达成数学活动中每一个子活动的目标，进而促进整个活动按预定目标进行，促进课堂整体教学目标的达成。

总的来说，课堂活动目标与课堂整体教学目标之间的关系，和课时目标与单元目标、单元目标与学期目标等之间关系是类似的。同时，它们又都为实现数学核心素养在促进学生全面发展中得以落地而服务。

（二）教学活动体验

体验到的东西使得人们感到真实，并在大脑记忆中留下深刻的印象，让人们可以随时回想起曾经亲身感受过的生命历程，也因此对未来有所预感。进行数学活动的目的是更好地达成课堂教学目标，而课堂教学目标指向的应是学生数学课堂学习的效果。这效果不仅表现在学生能否获得有关的数学知识，而且还表现在学生在数学能力（包括运算能力、推理能力、空间想象能力等）上是否得到提升，是否积极进行数学思考活动，是否能感悟问题解决过程中的数学思想方法，等等。也就是说，课堂教学目标的指向，应是学生在数学核心素养上所发生的变化。而这些素养的培养，需要让学生真正经历数学活动的每一个过程，切身体验数学活动的每个环节，感受数学活动的魅力。

认知心理学认为，人的认知过程就是信息的接收、编码、贮存、交换、操作、检索、提取和使用的过程，强调人已有的知识和知识结构对他的行为和当前的认知活动起决定作用。建构主义强调学生对知识的主动探索、主动发现和对所学知识意义的主动建构，指出学习是学习者在同化、顺应的过程中进行的。这些理论，都突出学习主体在学习过程中的主动性所起的关键作用，突出学习主体在学习活动中的自我建构与切身体验。数学活动应该也必须是在教师的组织与指导下，由学生自身进行的做数学的活动。让学生亲身经历数学活动的每一个过程，品尝活动过程中的各种味道，也就成为组织数学活动的价值取向。

体验，其价值不仅在于获得知识或技能，更重要的是获得研究数学问题的方法与经验，以及运用这种方法和经验观察现实世界、思考现实世界、表达现实世界，让学生感受数学产生的应然与必然，感受数学文化的价值，培育理性的思维品质。

体验，意味着学生必须要参与。学生的主动参与是数学体验的标志。这种参与，不仅表现在观察与操作实验上，还表现在运算、猜想、验证、推理上，更重要的是表现在数学思考上。由此可知，学生体验的具体表现为做一做、算一算、想一想、说一说、写一写。做一做指的是操作、实验。算一算指的是运算，是对实验操作的结果进行运算，为能发现普遍的规律做准备。想一想，也就是数学思考，思考操作实验中所隐含的数学关系或普遍规律，思考是否还有其他可能的结果，为说一说做准备。说一说，也就是用语言表达出自己的想法，它是建立在想一想的基础之上的。说一说，意味着已有了自己的观点、看法、思考，意味着自己的想一想不仅是抽象的，而且是具体的，能用语言表达、交流的。写一写，这是思维的结果，是理性思维品质的外在表现，是思维结果的外化，不仅需要深入地想想，而且要学会运用数学语言（包括文字语言、图形语言与符号语言）按照符合数学语言表达的规则表征出来。因此，写一写不仅是概括思维的产物，而且是抽象与逻辑思维的结果。

当然，学生随着年龄的增长、学习经验的增加、数学思维水平的提升，很多时候，也需要想一想之后才做一做、算一算，在想、做、说中也需要加入写一写，以使自己的思维更具有逻辑性，使自己的表达建立在理性思维的基础之上，让思维的结果不仅是符合实际的，而且是符合逻辑的，并且是能反映数学基本规律的。

只有当学生意识到学习是自己的事情后，有效学习才会真正发生，课堂教学的有效性才能得到保证，数学素养才能得到真正落实。正如数学化是学生的而不是老师的，学习是学生自己的事而不是老师的事，体验也应该是学生的而不是老师的。体验只有在学生经历之后才变得真实。因此，课堂上教师必须给学生充足的时间与空间，让学生真正地进行做、算、想、说、写等数学活动。这样，学生才会明白知识的来龙去脉，才能让知识在自己的头脑中生根发芽，才能积累数学活动经验，提升数学素养。

（三）教学活动指导

数学活动中的"指导"，一方面如手机导航中的引导作用，更多的是一种活动的规则或活动的指引，是学生进行活动所遵循的"步骤"。例如，在进行"画出函数 $y = 2x-3$ 的图像"这一活动时，教师可以边画图示范边讲解，学生模仿教师的操作，根据教师讲解的程序或画图像的步骤进行画图。教师也可以给出画函数图像的步骤，让学生按步骤一步步地画出函数的图像。在这个活动中，教师的讲解示范或所给出的画图像的步骤，发挥的就是一种"向导"的作用，引导学生按画图像的规则画出该函数的图像。

数学活动中，教师的"组织"作用主要体现在：根据课堂教学目标、活动目标设计好数学活动的内容，以及开展数学活动的流程；根据课堂活动的开展情况，对学生的数学活动过程进行调节，促进活动朝着目标方向发展。前者指向的是教师对数学活动的课前预设，它需要回应的是"组织什么样的活动""为什么要组织这样的活动"以及"如何组织活动"等问题。这与课堂教学设计中预设"教什么"及"怎么教"相呼应。后者指向的是数学活动的课堂生成，它需要回应的是"活动偏离了预设该怎么办"等问题。前者有利于提升活动的效率，保证活动的效果，后者有利于提升活动的效益，两者形成合力，才能促进数学活动的有效开展，提升数学活动在培养学生数学素养中的作用。

教师在数学活动中的"引导"作用主要体现在：通过问题驱动来激发兴趣，引发数学思考，促进活动步步递进、层层深入，即通过适当的示范或问题启发，帮助学生顺利开展活动，引发学生从活动中发现问题；通过适当的问题，激发学生对操作实验进行数学思考，引发学生从活动中提出问题；通过适当的问题，激发学生对问题进行分析思考，引发学生获得问题解决的方法；通过适当的问题，激发学生对活动进行反思，形成数学基本活动经验，发展研究数学问题的能力。可以发现，教师在数学活动中的"引导"是以问题为载体，以问题为驱动，以培养学生数学地观察、数学地思考、数学地表达为目标，层层递进，共为一体。

教师在数学活动中的"合作"作用主要体现在：营造一种安全、自由的活动环境；适度参与学生的数学活动，与学生共同探索；与学生共同分享探索成果，鼓励学生反思探索失败的原因。合作，要求教师成为学生进行数学活动的伙伴，有始有终地参与到整个活动中去。但与此同时，教师又不能把自己完全当成学生，在活动中"抢了学生的风头"，而是要把学生推到活动的前台，把自己隐身于幕后，在后面发挥助力器的作用。当需要时，教师及时出现，给予适当的指导，激励学生不断探索。

（四）教学活动的收获

任何一个完整的数学活动，都是由若干个子活动、若干个活动步骤所构成的。每一个子活动目标的实现、每一个活动步骤的顺利实施，都在一步步地接近活动的最终目标。因此，每一个子活动的实施过程，每一个活动步骤的操作过程，都体现已有数学知识的不断运用并且有可能产生新的数学知识；每一个活动步骤都是数学能力的强化以及新的数学能力的形成，都是学生数学思考的结果，同时也在提升学生的数学思考能力；每一个活动步骤都能反映学生主动参与数学活动的态度以及不断追求活动最终目标的勇气与信心。因此，数学活动的收获，学生数学素养的提升，不仅来自经过数学活动后获得的预期结果，也来自活动过程的本身，它隐藏于活动的过程中，在整个活动的每一个环节都有体现。

在学生进行数学活动时，教师需要睁大发现学生优点的慧眼，及时发现学生在活动过程中得到的步步逼近活动目标的探索结果，及时发现学生在活动过程中所出现的"意外"及"创新之处"，并将这些信息以合适的方式及时传递给学生，让学生能真正体会到有所得、有所获，从而树立继续向前探索的信心。

解题活动的"收获"不仅仅在于正确解出问题，如果仅局限于得到答案，那么解题过程中的"一路风景"便被错过了，这无异于"入宝山而空返"。因此，反思解题的得失，分析原来解题中遇到的困难及其原因，以及之后顺利"突围"的方法，对培养学生解题能力与解题经验来说，非常重要。之后，寻找不同的解法，也就是一题多解，从不同的方向与路径去解答同一问题，也是对不同知识的一次全面性的复习。在此基础上，再反思不同解法之间的内在联系，可帮助学生自主建构不同知识点间内在联系的认知图式，帮助学生实现对知识的结构化、整体性认识。这正是教师在数学活动中所需要发挥的引导作用，也即数学活动的价值之所在。

四、初中数学课堂教学情境创设

（一）生活性教学情境

寻找、挖掘学生现实生活中与当下课堂教学密切相关的数学素材，经过合理的加工形成课堂教学情境，进而将教学情境改造成课堂教学内容，努力与抽象的数学教学内容实现联结，让学生认识到现实生活中蕴含着大量与数量和图形有关的问题，这些问题可以抽象成数学问题，用数学的方法予以解决。教师在整个数学教育的过程中都应该培养学生的应用意识。让学生真正经历从现实生活到数学的数学化过程，帮助学生直观地理解数学知识。

在引入负数的概念时，教师可通过图片、表格等形式，展示生活中存在的大量需要用负数来表达的例子，如表示收入与支出，表示零上与零下的气温，表示电梯上的楼层数据，等等。这些具体的例子，不仅让学生感受学习负数的必要性，而且还从中感受正与负之间所表示的相反意义。又如在教学函数的概念时，也可以通过多媒体展示，利用表格、图像及关系式表示现实生活中量与量之间的关系，让学生逐步经历从具体例子中概括出共同属性，再举出生活中的实例来例证属性，形成概念的过程。这样既可以让学生感受学习函数这个新的数学对象的必要性，也可以让学生真正经历一个核心概念的形成过程，并在这个过程中感悟抽象思想及概括思维。无论是数学概念的教学，还是数学原理及解题教学，现实生活中都存在大量的丰富的真实例子。

当然，一个纯粹的现实生活情境仍无法作为数学课堂教学有效的教学情境，它需要同时蕴含能激发学生进行数学思考的数学问题，蕴含能启迪学生从情境中发现问题、提出问题的元素。而现实生活情境能否发挥数学教学的价值，不仅在于情境的真实性、情境与学生现实生活的紧密关联性，更在于情境中问题设计的合理性，在于教师在教学时能否挖掘出情境中蕴含的数学元素的真正教学价值。

一个好的生活化教学情境，它的价值不应仅局限于引出课题，还在于让学生在思考解决这个情境所蕴含的数学问题的过程中，经历将生活化问题抽象出数学问题的数学化过程，感悟抽象思想与模型思想，以提高发现问题及提出问题的能力，感受数学与生活的紧密联系，更在于激发学生运用已有的知识及经验去努力解决所得到的数学问题的兴趣，以提高分析问题及解答问题的能力。在分析问题与解答问题的过程中，当学生发现所学习过的知识、所具有的经验均无法顺利解答时，则被迫学习新的知识与方法。此时的新知，是在"愤悱"状态下去学习的，因而学生学习的兴趣也就会被激发，学习的主动性就能显露，学习的效率也就大大提高了。

课堂教学环境不应成为课堂教学的孤岛，也不应成为课堂的"附属品"，它应成为课堂教学不可或缺的一部分。课堂教学的引入、教学内容的展开、问题的探究、学习内容的巩固与运用、课堂教学的小结与反思等，每一个具体的教学环节、教学情境都或明或暗蕴含其中。在课堂教学引入时，设计一个生活化情境，当学生的知识及经验无法解决这个情境中的数学问题时，让情境成为该课学习的一个悬念，这当然可以吸引学生学习本课的兴趣。但运用情境引入课堂教学时，应该也必须让学生清楚知道情境所蕴含的数学问题是什么，要解决这些数学问题所需要的知识是什么，否则，情境是情境，而课堂是课堂，就会两不相干了。

（二）关联性教学情境

教学情境除了来自现实生活外，还可以根据数学知识的内在逻辑联系，通过"以旧引新"的形式被创设出来。这既能巩固已学习过的知识，又能引出相联系的新知识，让学生感受新旧知识间的内在联系，以建构逻辑连贯的数学认知结构，形成良好的数学学习认知系统。

根据数学知识之间的内在联系，创设关联性教学情境，需要教师在理解数学上下功夫，在理解学生的认知发展水平及已有的经验上下功夫，在帮助学生从整体结构上认识数学、学会学习数学、积累研究数学对象的经验上下功夫，需要着力减轻学生学习数学的认知负担，在提升学生的数学核心素养上下功夫。

（三）操作性教学情境

第三种常见的创设教学情境的方式是，设计操作性活动，学生在实验操作过程中，观察、思考实验对象所蕴含的数学关系，在动手实践、直观观察与数学思考的过程中形成认知，获得知识，解决问题。

一个好的操作性教学情境不仅要能激发学生探究数学的兴趣，还必须能唤起学生数学思考的欲望，能让学生在观察图形变化的过程中，或发现其变化中的不变性，或发现其蕴含的基本数学关系，等等，进而提出猜想，发出疑问，提出问题。操作不是最终目的，由操作而产生疑问，提出问题或获得猜想，才是操作性教学情境的教学价值之所在。

对操作性情境来说，它真正的教学价值不应局限于操作，而在于经历操作（数学实验）的全过程，这个全过程应是"思考—实验—验证—反思"，体会合情推理的意义，感悟推理的思想。这里思考的价值在于明确实验的内容与目标，明晰实验的方向，规划操作实验的路径。

（四）跨学科性教学情境

数学在科学及人文发展中的贡献和作用巨大，同时其他学科与数学之间有着密切的联系。这为创设教学情境提供了新的途径，即根据数学与其他学科之间的密切联系，创设跨学科性教学情境，以帮助学生在运用数学知识解决其他学科问题的过程中，发展将其他学科问题转化为数学问题的数学化能力，感受数学模型思想，拓宽数学认识的视野，提高学习数学的兴趣，培养与发展数学品质。

创设跨学科的教学情境，不能局限于把这一情境中所反映的数量关系等内容，当成具体的数学知识或技能来让学生简单运用，而是要让学生在运用数学知识解决情境所包含的数学问题的过程中，充分经历从其他学科到数学的数学思考的过程，感悟蕴含其中的抽象、推理及模型等数学思想与方法，以培养与发展学生的数学核心素养。

要合理创设跨学科性教学情境，发挥这类情境在培养学生数学核心素养中的作用，从全科育人的高度，从促进人的全面发展的高度去认识数学教学。把数学独立于其他学科来孤立地学习，把数学独立于社会需求来教学，不利于学生的全面发展，也不利于学生对数学知识的全面性、本质性理解，更不利于培养学生的应用意识与创新能力。学生未来的生活不应仅仅有数学和其他学科，还应有数学的思维，应具备一定的"数学地观察世界、数学地思考世界"的能力。世界是具体的，是活生生的，数学的抽象性让数学离具体的现实生活世界有一定的距离，这常常需要借助其他学科的力量，运用数学的眼光与思维，透过现象看本质，分析一系列现象背后的基本规律，从而更好地生活与学习。

需要指出的是，在教学中创设与其他学科知识相关的教学情境时，不能过于固守教材中现有的情境，或其他已有的教学设计中的情境，而是要与其他学科老师进行一些交流沟通，了解学生在相关学科方面的认知经验与水平。若学生不具备这些学科知识，那么教师需要更换这类教学情境，而不是一味地盲从照搬。否则，所创设的教学情境，很可能需要教师花费较多时间来先帮助学生了解相关学科知识，反而冲淡了这一教学情境中的数学味道。

（五）文化性教学情境

还有一种较为常见的创设教学情境的方式是，根据数学发展的历史及故事等创设数学文化性教学情境。数学作为一门独特的具有悠久历史的学科，具有自身独特的丰富的数学史、数学美等文化价值。教师在教学时，利用这些资源来创设数学教学情境，可以让学生从数学发展的历程上去整体认识数学，加深对当下学习的数学知识及方法的整体性理解。同时更为重要的是，数学发展史上所出现的名人逸事、经典数学公式和法则、经典数学问题、数学自身的美等等，对提高学生学习数学的兴趣，培养学生形成良好的数学态度，形成良好的人生观、世界观、价值观，都有巨大的作用。

比如圆周率 π，是一个在数学及物理学中普遍存在的数学常数，刻画的是圆的周长与直径的比值，它的近似值为 3.14。教学时，教师可以创设一个与 π 的研究历史有关的教学情境，让学生收集、阅读相关的历史文献资料，这对培养学生的数学素养将意义无穷。

创设基于数学学科的数学文化性教学情境，就是要将反映数学的思想、精神、方法、观点、语言等融入课堂，内化于具体的数学知识，并通过具体的教学情境外化出来，帮助学生更好地理解数学，培养学生的数学素养。

第二节　新课改下的初中数学教学

一、新课改下初中数学教学新视角

（一）介绍数学史

新课改下，教师应讲清数学概念的来龙去脉。长期以来受应试教育的影响，教师较为重视数学练习，但单靠练习不能解决全部问题。适当讲述一些数学概念的起源和发展的相关历史，能活跃课堂气氛，使学生深入理解概念，起到练习所起不到的作用。

（二）运用开放题

教师应以开放的形式加强学生对数学概念的理解，将数学学术转化为学生易于接受的教育形态。教师可联系现实，通过让学生列举生活中的各种应用实例，深化对概念的理解。开放题的答案不唯一，能体现学生的差异，促进学生的个性发展，培养思维能力和主体性意识。

（三）利用相关学科知识

数学与其他学科有着密切的联系，一些学科中的基础知识就是数学概念的直接应用。不同学科之间是相互作用的，因此要加强数学与其他学科的联系。教师在教学过程中应讲述数学知识在其他学科中的应用，以发展的眼光看待问题，提高学生的应用意识。

（四）设置合理的练习

不可否认，学生要想深入理解和巩固数学知识离不开练习。适量的练习为学生提供了反思和感悟的机会，这种反思和感悟是学生深入理解概念不可或缺的。但不能一味夸大练习的作用，应反对机械、盲目练习，要根据学生的认知规律科学合理地设置练习。

（五）创设问题情境

在教学过程中合理创设情境，能调动学生学习的积极性。因此教师在教学中应创设富有探索性的问题情境，唤醒学生的认知系统，使学生产生解决问题的欲望，从学生实际出发，结合教学内容，开展数学研究，使学生产生明显的问题意识倾向，发散学生的思维，从而提高解决问题的能力，掌握数学知识。

（六）引导学生个性交流

灌输式的教学方式压抑学生的学习主动性，不利于学生养成积极的学习状态。因此，教师应积极开展教学交流活动，引导学生个性交流，使每位学生在交流过程中展示自我、反省自我、修正自我，从而掌握数学知识，获得思维的深入和发展。

二、新课改下初中数学的教学转变

（一）注重学生主动学习和主动思考

一般情况下，数学课堂相对于其他学科的课堂来说较为枯燥乏味，这无形中给数学教学带来了困难。新课改下要求初中数学教师应重视学生在教学过程中的主体地位，引导学生主动学习和主动思考，培养学生学习数学的兴趣，使学生能主动学习。初中生处在人生学习的黄金时期，但也是比较叛逆的时期，因此教师应注意与学生交流的方式和技巧。

（二）注重中学数学课程目标的转变

在初中数学教学课堂中，教师不能固守传统的课堂教学目标，要让学生去体验学习的过程，在课堂上应强调数学的推理过程，培养学生良好的学习方式和正确的思维方式，并结合生活实例，让学生认识到学习的重要性，培养学生学习数学的兴趣。

（三）注重调整数学课堂的教学结构

新课改下，教师不能固守传统的课堂教学结构，应根据学生实际，合理调整数学课堂的教学结构。教师应在教学中安排教学活动，让学生进行分析和讨论，更好地参与到课堂中来，让学生主动参与、乐于探索、学会合作。教师还应合理安排课程内容，去除教材中繁旧的教学内容，注重联系生活实际，激发学生的学习兴趣，提高学习的主动性。

（四）注重数学课程评价系统的建设

传统初中数学教学评价往往采取终结性评价，单纯以分数评定学生的学习成果。新课改下，教师应注重建立科学的数学课堂评价系统，除终极性评价外，还应关注学生的学习过程，关注学生的全面发展，只有这样才能培养健全的学生人格和引导学生形成正确的价值观。

第三节　初中数学核心素养的培养策略

一、初中数学核心素养的构成要素

何小亚教授认为，数学核心素养包括数学运算、数学推理、数学意识、数学思想方法和数学情感态度价值观等五个方面。美国数学督导委员会（NCSM）指出，现代数学素养包含数学知识、数学思维、数学方法、数学思想、数学技能、数学能力、个性品质七个方面的内容。可以看出，对于数学核心素养的内容，他们的观点是相通的，除了数学本身的知识、能力、方法、思想外，还涉及人成长过程中作为一个社会个体不可或缺的基本素养。

教育的本质是使学生得到全面的发展。一个人的数学素养影响其元认知能力。也就是说，他对数学的兴趣与向往，他学习数学的个性品质，他在应用数学中所表现出来的个人修养，影响他的人生态度。与此同时，人的社会属性，影响一个人是成长为促进社会发展的人还是成长为精致的利己主义者。事实上，"必备品格"与"关键能力"是构成核心素养的关键要素，是所有学科核心素养的基础。因此，缺少数学情感态度或数学个性品质的数学核心素养，是欠妥的，至少是不全面的。

初中数学学科要由学科教学走向学科教育，以发挥学科育人的功能，初中数学核心素养应包括数学知识、数学能力、数学思考、数学思想、数学态度这五个方面。对于初中数学教育来说，如果数学教育不能培养人在情感、态度与价值观等方面发挥积极的作用，那么培养出来的将只是在数学智力上得到良好发展的人，要培养对社会发展有推动作用、对社会建设有价值的时代公民，这是远远不够的。如果数学学科没能在"立德树人"方面发挥应有的作用，那么它就难以真正融入教育改革与发展的大潮流之中。

二、初中数学核心素养各要素的关系

数学核心素养作为构成数学核心要素的有机组成部分，不是相互独立和割裂的，而是一个密切联系、相互交融的有机整体，如中国学生发展核心素养各素养之间的关系那样，各素养之间相互联系、互相补充、相互促进，在不同情境中整体发挥作用。

数学知识作为数学核心素养的基础性部分，是学生提升数学能力，学会数学思考，感悟数学思想的重要载体。离开数学知识，数学能力与数学思考也就成了无源之水、无本之木。数学能力包含发现问题的能力、提出问题的能力、分析问题的能力及解决问题的能力，数学能力是数学知识在问题解决过程中的外显，是数学知识作用于新的情境的表现形式。离开数学知识的数学能力是不存在的，而只有数学知识没有数学能力的人也是不存在的，只不过能力存在高低的差别而已。而这个高低的差别，不仅表现在数学知识的量的差距上，还表现在将知识显化的能力的差异上。

可见，数学知识、数学能力不可避免地要与数学思考、数学思想、数学态度等要素联系在一起。而数学思考是指运用"数学方式的理性思维"进行的思考，它培养学生以数学的眼光看世界，从数学的角度去分析问题的素养。学生能否进行数学思考，需要数学知识、数学能力作为支撑，同时也需要数学思想及数学态度发挥积极的作用。因此，构成数学核心素养的五个要素之间是你中有我、我中有你，你离不开我而我也离不开你的有机整体。它们在促进人的全面发展中发挥着积极的作用。

有理数的减法法则，作为数学中具体的数学知识，它的内容是减去一个数，等于加上这个数的相反数。这个知识包含很多相关的数学知识，包括数学概念，如相反数等，也包括数学运算，如减法、加法。当然从广义的角度来说，远远不止这些，该法则还包括其蕴含的程序性知识与策略性知识等，如转化与化归思想。这也从另一角度说明了，构成数学核心素养的五个要素之间是互为一体、你中有我、我中有你的关系。与此同时，如果单纯有减法法则这个知识，但不懂得将这个知识运用于有理数运算，那么这个知识就是死知识，是无用的知识。不少教师在日常教学中，往往就将它当成死知识来教，让学生去背诵法则，却并没让学生真正明白如何用法则。有些时候虽然是进行运算了，但并不是用法则的表现。因为，欠缺数学思考的法则，哪怕用了也是死知识。学生进行运算，也仅仅是模仿，而不是运算能力的体现。这里的数学思考，也就是让学生将死的知识、冰冷的法则，通过结合自身以往的经验，经过自身思维上的加工，激活它，使它由教师的、教材的变成自己的。这就需要教师在课堂教学中创设让学生用自己语言解释它的机会，鼓励学生用具体例子去验证，促进知识的内化，然后再通过适当的练习进行强化、巩固，进而成为学生自身的知识。而学生在解释与运用的过程中，他们就会感受到减法变为加法的思维过程，理解减法变为加法的运算算理，并在这个过程中感悟其中蕴含的转化与化归的思想。当出现错误时，能自觉回到法则中去，运用法则来对运算进行修正，这需要学生有良好的数学态度。否则他们就会等教师的分析讲解，等正确的答案。而在当下现实的课堂里，这种"等"答案的现象确实比较常见。

事实上，对于中小学数学教育教学来说，更应该关注、研究的是如何在课堂教学中落实培养学生数学核心素养的问题，如何促进不同的学生在数学素养上得到不同程度发展的问题。课程改革的关键在于教师，同样地课堂教学中促进数学核心素养落地生根的关键也在于教师，在于教师的教育观念、理念，而不仅仅是教学方法、教学技术。

当学生提出一个问题时，存在着多种可能的原因，但至少他有丰富自身数学知识的愿望，也就是说，他有学习数学的兴趣。如果教师能认真地回应学生的问题，就算不能告诉他完整的正确答案，也可以告知他获得问题结果的途径或方法，那么他既可以获得数学知识，同时又能培养数学态度，一种对数学有好奇心的态度，一种了解数学价值的态度，一种爱思考、爱学习、求上进的积极态度。而正是这些良好的态度，会成为激励他学习数学的动力。当教师把数学课堂教学简化成"为考试而教"的时候，落实数学核心素养也就成为一句空话，一个口号而已。

三、初中数学核心素养的评价层级

核心素养是学生在接受相应学段的教学过程中，逐步形成的适应个人终身发展和社会发展需要的必备品格与关键能力。因此，学生数学核心素养层级的划分与学生已有的经验水平以及认知能力相关。从这个意义上来说，教师应用发展的眼光来看学生数学核心素养的层级，只有这样，数学教育教学才能适应学生个性发展的需要，才能真正做到因学生的具体情况而培养与发展他们的数学核心素养。

下面以课题"应用一元二次方程（2）"为例，来尝试分析关于数学核心素养的评价层级问题。该课的主要内容是运用一元二次方程这个数学模型，来解决现实生活中关于销售的利润问题。本课内容涉及三个数量关系：①单件商品实际利润＝单件商品的实际售价－单件商品的成本；②实际销售量＝原有销售量＋变化量（当销售量增加时，"变化量"为正，当销售量减少时，"变化量"为负）；③实际总利润＝单件商品的实际利润 × 实际销售量。

（一）数学知识

从数学知识（在这里主要是从狭义的角度，即指陈述性知识）的角度来分析，本课主要包含一元二次方程的解法步骤、上述的三个数量关系、列一元二次方程解应用题的基本步骤等。由于学生刚学习过一元二次方程的解法，因而，在这里，从数学素养的层级性来看，解一元二次方程属于第一层级的数学知识素养。而列方程解应用题的基本步骤，学生已具备较为丰富的经验，在大脑中已留下较为深刻的印象，因此也可以称之为第一层级的数学知识素养。而对于上述的三个等量关系，等量关系①与学生的现实生活体验直接相关，学生可以与现实生活直接联系起来，因此属于第二层级的数学知识素养。等量关系②虽然涉及变量的知识，但学生仍可结合生活经验去理解，因而可以认为也属于第二层级的数学知识素养。等量关系③是由等量关系①与②组成的，受等量关系①与②的影响，但单纯从陈述性知识的角度来说，它的难度也不大，通过教师的举例阐释，学生仍能理解，因此，可把它归于数学知识素养的第三层级。从上述的分析可以看出，本课数学知识素养的三个层次，对应布鲁姆教育目标分类（认知领域）中的知识层面，即回忆、选择与陈述等。

上述的分析是建立学生对商品销售这个生活化情境有所体会的基础之上的。基于这个分析，为了在本课中达到培养学生数学知识素养的目的，应该清楚学生是否掌握一元二次方程的解法，应该创设具体的生活化情境帮助学生"回忆"上述三个等量关系的事实，应该让学生在问题解决的过程中回忆列方程解应用题的基本步骤。

（二）数学能力

从数学能力核心素养的角度来分析，本课主要包含：会选择合理的方法解所列出的一元二次方程模型，这属于运算能力；会用合适的代数式来表达上述的三个等量关系，包括引入合适的未知数，这属于符号意识与运算能力；会根据实际问题找出问题中包含的上述三个等量关系，这属于阅读理解能力及分析问题能力；会根据问题，判断解出的模型结果的合理性，这属于发现问题的能力；解决问题的过程中，会解释自己的思维过程，会对自己的解答过程做出合适的评价。

从数学能力核心素养的层级来分析，学生刚学习完一元二次方程的解法，基本能根据不同的方程选择不同的解法，因此"解一元二次方程模型"对应的是数学能力素养的第一层级。"引入未知数及用代数式表示等量关系"，这涉及数学化及符号化的思维过程，本课中涉及直接引入未知数与间接引入未知数的问题。因此，这个能力应属于数学能力素养的第三层级。找出问题中包含的三个等量关系，涉及数学阅读能力、抽象与概括能力、信息加工能力等综合能力，但由于本课中问题的情境与学生的生活直接相关，对学生来说难度不算太大，这个能力可被归入数学能力素养的第三层级。判断模型结果的合理性，不仅要检验结果是否是模型的解，而且要检验结果是否符合生活实际，有时还涉及问题中隐含条件的挖掘与运用。因此，这个能力应属于第二层级（可直接判断）或第三层级（需要挖掘问题中的隐含条件），甚至第四层级。"解释自己的思维过程"，这涉及运用数学语言来表达思维的能力，不仅需要学生充分理解问题、模型，以及探索模型的思维过程，理解他人的表达，同时还需要学生具有较强的语言表达与交流能力，而这个能力属于数学能力素养的第四层级。由上述分析可见，本课数学能力素养的四个层次，对于布鲁姆教育目标分类（认知领域）中的理解、应用、分析、综合及评价五个方面，均有涉及。

（三）数学思考

从数学思考这个核心素养的角度来分析，该课主要包括：会用符号及代数式表示销售量与单件商品的售价（或单件商品的利润）之间的关系；会根据单件商品的售价（或利润）的变化确定销售量的变化；在问题解决的过程中感悟模型思想，体会一元二次方程这个刻画现实生活的有效模型；理解当单件商品的售价（或涨价等）发生变化时，单件商品的利润、销售量的变化，感受这个函数关系。其中，"用符号及代数式表示销售量与单件商品的售价（或单件商品的利润）之间的关系"，涉及符号化思想与形式化思想，而当引入了未知数后，只需要将实际问题的语言转化为数学关系的语言表达即可，即学生对问题中反映的数学关系要有数学化理解，而这对于学生来说，具有较大的挑战性。因此，数学化理解属于数学思考素养的第三级。

模型思想是数学思想的核心内容之一，根据实际问题建立一元二次方程的数学模型，不仅需要学生理解问题中反映的数量关系，而且需要学生具备相关的数量关系经验，如总利润＝商品的单件利润 × 销售量，这建立在学生对生活数学化理解的基础之上，需要学生具备良好的数学概括能力、数学抽象能力与符号表征能力。同时，在模型推广与应用的过程中，需要学生根据具体的问题抽象出数学问题，进而建立与一元二次方程相关的认知结构。因此，这个素养的层次属于数学思考素养的第四层级。由问题中反映的数量关系可知，当单件商品的售价或利润发生变化时，销售量也发生变化，这种变化关系，学生可以从问题中获取信息，也可以从对生活的理解获取，但这种关系是建立在学生数学阅读的基础之上的，而且，这种关系是不是函数关系，需要学生对函数概念的本质（即对应）有一定的理解。据此，我们如果单纯从销售量与售价的关系的直观理解上来看，可以认为这属于数学思考素养的第三层级，但若从函数观念上理解这种关系，则属于数学思考素养的第四层级。

（四）数学态度

从数学态度这个素养上来分析，该课主要包括：积极主动阅读问题，并在阅读过程中主动分析问题中的已知量、未知量及数量关系；积极主动将新问题与以往的知识及生活经验建立联系，并在此基础上经过思考与交流抽象概括出数学模型；当面临系数较大的一元二次方程时，积极主动地联想解一元二次方程的经验，合理选择解方程的方法，使数学模型得以顺利求解；在经过解决层层递进的、逐步抽象的问题序列的过程中，获取销售量与售价之间的对应关系，并在突破这一难点的过程中树立学好本课知识的信心，提高学习兴趣；在运用一元二次方程模型解决实际问题的过程中，抽象出数学模型，获得成功的体验，从而提升数学学习的求知欲在对模型求解所得结果的分析与辨析的过程中，回到问题中去，修正错误，形成严谨求实的科学态度。

可以看到，数学态度这一核心素养，需要以具体的数学知识为载体，以具体的教与学行为的过程及结果为评价的标准。它不是从学生的数学学习中完全独立出来的，但同时又不是空中楼阁，它是可以评价的，是可以通过学生的课堂学习表现来测量的。"数学阅读"作为问题解决的第一个关键环节，需要学生不仅要有阅读分析的能力，而且要有阅读的信心与兴趣，而信心与兴趣是建立在学生能数学阅读的基础之上的，是学生数学核心素养最基本也是最为核心的要素之一，没有这一要素作为支撑，本课其他素养都将成为空中楼阁，都只能是教师的数学学习而不是学生的数学学习。

"能坚持选择合理的方法解模型"，这不仅需要经验与能力，还需要分析与观察能力，需要克服计算困难的信心与毅力，这种态度，也是学习数学的必备品格，在这里可把它划分为数学态度素养的第二层级。"主动地思考与获取数学模型"，不仅需要具备较丰富的数学知识与较强的数学思考与应用能力，而且需要学生具备一种思考、钻研与交流的学习方式与精神，而这种素养，是建立在学生以往的知识经验与认知水平、情感态度的基础之上的，因此它被划分为数学态度素养的第三层级。"检验结果的正确性，发展批判性思维"，这是本课学习的重点之一，而发展批判性思维更是数学教育教学的核心任务之一，它需要的不仅仅是能力，更需要一种精神、一种意识、一种自我提升的观念。这个内容在教学上并不困难，这也是被大部分老师所忽视的主要原因，但从数学教育教学的高度来说，从培养人与发展人的高度来思考，这是重点也是难点，是核心且是必须渗透的，所以它被划分为数学态度素养的第四层级。

（五）数学思想

从数学思想这一素养上来分析，本课知识蕴含的数学思想主要是模型思想，同时在获取模型的过程中，还运用到从特殊到一般、从具体到抽象的思维方法，在分析、理解与感悟模型的过程中还用到了函数思想。学生对生活中具体现象的理解与体验水平，影响他们的数学化质量，决定学生能否顺利将实际问题转化为数学问题来进行思考。

本课中，学生结合生活的具体经验，初步抽象概括出三个直观的数量关系：①单件商品的实际利润＝单件商品的实际售价－单件商品的成本；②实际销售量＝原有销售量＋变化量（当销售量增加时，"变化量"为正，当销售量减少时，"变化量"为负）；③实际总利润＝单件商品的实际利润 × 实际销售量。再通过引入适当的数学符号，将前面所得的数学模型进行符号化、形式化表示，这不仅需要学生对所学习的数学模型（方程、不等式、函数等）具有较全面的理解，而且需要学生具有良好的运算能力、符号化能力。在上述三个数量关系模型中，对于学生来说，较为困难的是"变化量"的代数式表示。因此，教学时，常常需要教师举出较为丰富的具体的例子，让学生在解答问题的过程中发现规律，归纳方法，这需要学生具有良好的观察能力、归纳能力等。

从学生数学素养发展的角度来说，单纯从解答该课问题的过程中感悟模型思想，并且运用该课的数学模型来解答相似的利润问题，仍显得有些不足。事实上，数学模型"实际总利润＝单件商品的实际利润 × 实际销售量"，它的本质是一个"$A=B \times C$"型的数量关系模型，这个模型虽然不是正比例或反比例关系，但它与行程、工程等问题的数量关系，在模型的结构上是相似的，虽然本质上又有区别。因此，如果教学中能引导学生对它们进行分析与辨别，那么对提升学生的解题能力是有帮助的，对提升学生的数学思维水平是有利的。

而且作为属于策略性知识的数学思想，往往"只可意会而不可言传"。数学思想的感悟，不仅与学生的知识水平、能力水平有关，而且与学生的数学学习态度、思维品质等都直接相关。基于以上的分析，数学思想应渗透于数学核心素养的每一层级。当数学思想发挥工具性作用，指导解决具体的数学问题时，它属于一、二、三、四层级，而当数学思想在影响人的思维方式，在人的成长中发挥作用时，它属于第五层级。

把初中数学核心素养划分为数学知识、数学能力、数学思考、数学思想、数学态度这五个方面，还有一个重要的原因在于，从一线数学教师的角度来说，这样划分会有一个很好的抓手让教师们去把握课堂教学，对课堂教学效益的反思更为容易、直观，从而更有利于数学核心素养的落地。当从"数学知识、数学能力、数学思考、数学思想、数学态度"去分析、反思每一节课的教学时，就会有一个明确的、实实在在的抓手，不仅可以从学科教学的维度上去分析、反思课堂教学，同时更为重要的是，还可以从学科育人的高度去反思课堂教学，促进学科教学向学科教育转变，发挥学科教育在价值引领、思维启迪、品格塑造中的促进作用。

初中数学核心素养虽然分成五个方面，但各个方面之间的关系是你中有我，我中有你，相互融合，共为一体的，它们共同构成了初中数学核心素养这个整体。因此，在实施课堂教学时，并不是在教这个内容时培养这个核心素养，教另一个内容时培养另一个核心素养，而是在每一课的教学中，同时渗透多种核心素养的培养。

四、基于数学核心素养培养的课堂改进策略

（一）同课异构法

顾名思义，"同课"是指相同的教学内容，"异构"是指不同的教学设计。"同课异构"就是选用同一个教学内容，根据学生的实际、现有的教学条件和教师自身的特点，进行不同的教学设计。教师在教学过程中采取同课异构法更符合学生实际，根据不同的学生采取不同的教学方式，能针对性地培养学生数学核心素养，提高学生学习数学的兴趣。教师通过同课异构，应具体探讨如何在数学课堂中培养学生的数学核心素养，更好地辨析哪种导入方式、哪种教学方法、哪种教学活动、哪种设问反馈更有利于学生数学核心素养的发展。教师在这一过程中，还能学习不同的教学风格，不断完善自身教学，从而提高课堂质量。

（二）改进听评课

听评课是教师了解和研究复杂的课堂教学的一种主要方式，也是发现问题、解决问题的一种有效途径。在每一个基于数学核心素养的课堂教学改进案例的

实施过程中，都会有多次的听评课环节。在听评课中，教师通过观察，对课堂运行情况进行记录、分析和研究，在此基础上谋求学生课堂学习效果的改善，从而进一步培养学生的数学核心素养。

在课堂教学改进项目的实施过程中，要求改进团队带着明确的关注点进行观课，将授课教师的课堂教学过程细化，收集有效课堂信息，对数学课堂教学进行理性分析和研究，从中发现课堂教学中存在的问题，使教学改进建议更为有效。在课堂观察中，改进团队不能只关注教师的课堂教学行为，更应关注学生的课堂表现。这是因为数学课堂教学改进的目标是提升学生的数学核心素养，教师的教学活动是为了学生的学，最终要落实到学生身上。改进团队根据教师的课堂教学情况，提出针对性建议，能使学生更为积极的思考。改进团队应带着关注点来听评课，每位教学改进的成员在评课时都有话可说，所提改进建议具有很强的针对性,而且也令授课者信服,容易接受改进建议。这种详细的分析，让授课教师觉得这对改进教学设计和改变一些不良的教学习惯有很大的帮助。同时这种方法也像给了教学改进团队的每位成员一面"镜子"，促进大家去积极反思自己的优点和不足。

（三）持续跟踪记录

基于数学核心素养培养的课堂教学改进是一个长期的过程，需要培养数学教师的课堂教学改进意识，形成一套自身的改进方法，并将这种改进意识和方法长期运用到数学课堂教学中。采取跟踪记录，改进成果策略，教师能将改进过程中的每一次教案、学案等材料按顺序保存下来，并将每次改进的原因、改进的措施、改进实施中的收获和困惑、教师和学生的变化、改进团队的建议等记录下来。

在这样一个持续跟踪记录的过程中，促进教师形成一种改进意识，通过不断反思学生的学习表现和教师的教学行为，将一些好的改进方法固化下来，应用于以后的课堂教学实施，从而更好地培养学生的数学核心素养，促进教师的专业化成长。教学改进研究是教学研究中永恒的话题，培养学生的数学核心素养是教学改进过程中的焦点。在这一过程中，学生数学学科能力的前后测评是依据，教学关键事件的分析与改进是核心，教师专业素养的提升是根本保障。

第六章 高中数学教学与核心素养的培养

随着社会的发展科学的进步，数学作为社会进步发展所必不可少的工具，对数学核心素养的要求不断提高。当今的公民必须具备一定的数学思维能力，而这些能力是人们在高中学习数学的过程中慢慢积累而获得的。本章详细介绍了高中数学课堂教学设计、高中数学学科课程改革创新与教学目标、高中数学学科教学模式与教学方法创新以及高中数学核心素养的培养策略等内容。

第一节 高中数学课堂教学设计

一、数学史料充分融入教学内容

数学史料包括历史上的数学问题、数学家的故事、知识的历史发现过程等。

在我们的高中数学课本上也介绍了很多数学史料。就拿高二年级第一册第7章——数列为例。该章引言部分写道"中国古代庄周所著的《庄子·天下篇》中引用过一句话：'一尺之棰，日取其半，万世不竭。'"；在第二节中的"等差数列的前 n 项和"里介绍了两百多年前少年高斯的方法；在第三节的"等比数列的前 n 项和"里介绍了古印度国王奖赏国际象棋发明者的一段趣事；第七节"极限"旁注中简单介绍了古希腊数学家阿基米德的贡献；等等。

《数学教育中的数学文化》提道：不考虑学生是否愿意学，强行将数学家的生平灌输给学生，也不考虑学生的实际水平以及实际需要就将干巴巴的数学史料硬往学生头脑中塞，这都是对《标准》的误解。

数学教育，这四个字中的前两个字"数学"是指内容，而后两个字"教育"则指行动。如何行动？如何将数学的学术形态转化为教育形态？在传授数学知识、方法与技能方面，无数的数学工作者已经凝练了很多行之有效的教学方法与教学策略。

那么如何传播数学文化？在这里，我们问得更具体一些，如何将数学文化的史学形态和学术形态转化为教育形态？

我们需要努力避免数学史料与教学内容相脱节的"两层皮"现象。亦即，要将数学史料充分融入课堂教学内容中。但关键是怎样才能做到充分"融入"，而不是简单的"硬塞""植入"或"拼接"。

数学史料融入课堂教学绝对不等同于广告插播在电视连续剧中那样，简单地将数学史料植入常规的课堂教学。我们应该立足于学生感受数学文化角度，用好"数学史料"，让学生经历体验，经历知识的再创造。

《数学通报》2014年第2期的《数学史融入数学教学的实践：他山之石》中提炼了数学史料融入课堂的四种教学方式——附加式、复制式、顺应式和重构式。前三种教学方法都是直接运用数学史料。诚然，单刀直入、直接插入数学史料的方法，对我们教师来说使用起来最简便。在课堂上直接引用数学史料也能够发挥其文化价值。不过，这里的"重构式"教学方法在数学文化观下数学史料融入课堂的教学设计中似乎比前三种方法更显"艺术性"一些。文中这样解读重构式："借鉴或重构知识的发生、发展历史""重构式是数学史最高层次的用法，发生教学法即属于该方式。"

二、引领学生欣赏数学学科之美

《爱+恨数学，还原最真实的数学》中引用了亚瑟凯莉的话："我们很难三言两语地把现代数学的全貌介绍清楚。这里的全貌，是指那些充满了美丽细节的数学整体，而不是那些想起来就让人痛苦的、无目的的、单调的数学问题的堆积。从远处看，数学是一个美丽的王国。当你深入地研究它时，你会发现自己漫步在一个充满山坡、溪谷、河流、奇石、森林和鲜花的世界。"

简单地告诉学生：罗素说过"数学有一种至高无上的美"，而不去教学生如何欣赏这种美，那么这句话就相当于一句空话。

作为教师的我们有没有教过学生如何去欣赏这种美呢？要让学生喜欢数学，教师自己首先要学会欣赏数学。以恰当的方式将数学之美呈现给学生是数学教师不可推卸的责任。

数学的魅力在于思辨、在于简洁、在于纯粹、在于创造、在于力量，也正是中学数学文化特质所表现的这几个方面。这些数学之美，不仅体现在数学思维活动中、数学学科本身的特质中、数学学科的发展中，也体现在数学问题的解决中。

所以，作为教师的我们应该引领学生欣赏数学学科之美，需让学生感受数学之美而不是仅仅知道。我们要带领学生去亲身领略数学世界中的"山坡""溪流""鲜花""树林"……带他们看一看清澈的小溪，听一听潺潺的流水，赏一赏繁花的灿烂，闻一闻草木的清香……

三、传递数学家的精神力量

17世纪的法国数学家费马，他的本职工作是律师。他利用自己的业余时间，孜孜不倦地研究数学。他是"数论"的奠基人，也和同时期的法国另一位数学家笛卡儿分享了"解析几何奠基人"的荣誉。据说有一次评选业余数学家，费马却不在其中，因为他已经被认为是一个专业数学家了。

欧拉失明了之后还在研究数学；怀尔斯用了8年的时间证明了费马大定理……需注意：注重传递数学家的精神力量，应渲染而不是机械陈述。教师需要在必要的时候将科学家们的科学精神、质疑精神、探究精神、批判精神自然地传递给学生，而不是生搬硬套或机械陈述。

我们可以在课堂上适时地向学生传递数学家的精神力量，选择一些反映数学家追求科学真理的那种锲而不舍、孜孜以求的精神，教授求真、求实、说理、质疑、批判等方面的内容，让学生感受数学家的人格魅力与精神力量。

第二节 高中数学学科课程改革创新与教学目标

一、高中数学学科课程体系与教材体系

根据《上海市中小学数学课程标准》中高中阶段数学学习的内容与要求，将高中数学学科课程体系与教材体系整理如下。

（一）数学学科课程体系介绍

根据《上海市中小学数学课程标准》关于课程结构和课程设置的要求，高中数学课程分为基础型课程、拓展型课程和研究型课程三个模块，而且三个模块的高中数学课程又分为必修课程和选修课程两部分。

1. 基础型课程

基础型课程包括5部分内容，如下。

①方程与代数，共5大学习主题，分别是集合与命题（12课时）、不等式

（14课时）、矩阵与行列式初步（8课时）、算法初步（10课时）、数列与数学归纳法（18课时）。

②函数与分析，共4大学习主题，分别是函数及其基本性质（16课时）、指数函数与对数函数（20课时）、三角比（20课时）、三角函数（12课时）。

③图形与几何，共5大学习主题，分别是平面向量的坐标表示（8课时）、平面直线的方程（14课时）、曲线与方程（18课时）、空间图形（15课时）、简单几何体的研究（10课时）。

④数据整理与概率统计，共两大学习主题，分别是排列、组合、二项式定理（14课时），概率与统计初步（12课时）。

⑤数与运算，学习主题是复数初步（10课时）。

2. 拓展型课程

拓展型课程又分为拓展Ⅰ和拓展Ⅱ两大模块，其中拓展Ⅱ又分为数学A、数学B、数学C、数学D四部分。具体如下。

拓展Ⅰ，共有8大学习主题，分别是逻辑初步（15课时）、计数原理（8课时）、不等式选讲（8课时）、复数的三角形式（15课时）、二元二次方程与二次曲线（15课时）、矩阵与变换（15课时）、数论初步（15课时）、图论初步（8课时）。

拓展Ⅱ，又分为数学A、数学B、数学C、数学D。

数学A（希望在人文、社会科学等方面发展的学生必须选修，共获得3个学分），有5大学习主题，分别是生活中的概率与统计（10课时）、简单的线性规划（10课时）、优化与统筹（10课时）、数学与文化艺术（8课时）、投影与画图（10课时）。

数学B（希望在理工、经济等方面发展的学生必须选修，共获得3个学分），有4大学习主题，分别是三角变换（8课时）、概率与统计（15课时）参数方程与极坐标（8课时）、空间向量及其应用（16课时）。

数学C（希望在人文、社会科学或理工、经济等方面发展的学生必须选修，并获得1个学分），有5大学习主题，分别是函数模型（5课时）、线性规划模型（5课时）、数列模型（5课时）、概率模型（5课时）、统计模型（5课时）。

数学D（希望在人文、社会科学或理工、经济等方面发展的学生必须选修，并获得1个学分），有6大学习主题，分别是中国古代数学（4课时）、古希腊的演绎数学（4课时）、解析几何与微积分的出现（4课时）、19世纪数学的发展（4课时）、20世纪数学的进步（4课时）、中国现代数学的成就（4课时）。

必须注意的是，根据《上海市中小学数学课程标准》规定，希望在人文、社会科学或理工、经济等方面发展的学生，需通过拓展内容获得6～10个自主选修学分，其中必须通过拓展Ⅱ获得5个学分，另外通过选修拓展Ⅰ获得1～5个学分。

3. 研究型课程

研究型课程分为实践活动和课题研究两部分，主要由学校自行选定开展，但新课标中提供了一些可供参考的内容：如实践部分提供了集合的应用、实际生活中的几何问题、验证性数学实验等参考内容；课题研究部分提供了参数设计、数学规定的合理性研究、类比研究、正多面体研究等参考内容。而根据《上海市中小学课程方案》规定，高中学生要在研究型课程中修满10个学分。

（二）上海版高中数学学科教材体系介绍

所谓教材体系，就是教学内容安排所展现的知识序列及各知识之间的相互联系，是数学学科知识体系经教学方法加工而得到的学科知识体系。简言之，就是对教学内容的组织方法。

目前根据《上海市中小学数学课程标准》编写出来的高中数学学科教材体系包括《高中数学》（试用本）7册、《高中数学教学参考资料》（试用本）5本、《高中数学练习部分》（试用本）7册以及《数学学科高中教学基本要求》（试用本）1册。

其中主体教材《高中数学》的教学内容组织情况大致如下。

高一第一学期教学内容依次是集合和命题，不等式，函数的基本性质，幂函数、指数函数和对数函数（上）。

高一第二学期教学内容依次是幂函数、指数函数和对数函数（下），三角比，三角函数。

高二第一学期教学内容依次是数列与数学归纳法、平面向量的坐标表示、矩阵和行列式初步、算法初步。

高二第二学期教学内容依次是坐标平面上的直线、圆锥曲线、复数。

高三第一学期教学内容依次是空间直线与平面、简单几何体、排列组合和二项式定理。

高三第二学期教学内容依次是概率论初步、基本统计方法。（注意高二为一册）

高三（理科）拓展Ⅱ的教学内容依次是三角恒等变换、参数方程和极坐标方程、空间向量及其应用、概率论初步（续）、线性回归5个专题。

高三（文科）拓展Ⅱ的教学内容依次是线性规划、优选与统筹、投影与画图、统计案例、数学与文化艺术。

二、高中数学学科教学创新总目标与分类目标

根据《上海市中小学数学课程标准》（试行稿）中有关高中数学学科的课程规定，我们可以将高中数学学科教学的总目标与分类目标归纳如下。

（一）数学学科教学总目标

高中数学教学的主要任务是让学生在九年义务教育中学数学课程的前提下，可以更好地提高每一位公民在未来都必须要掌握和具备的教学素养，包括：使学生学习必要的数学基础知识，形成基本技能，并体会其中的内在思想和技巧；对数学抽象、应用和研究的基本手段逐渐有了了解，从而拥有了初步的数学能力；可以站在数学的角度去思考以及可以通过数学的思维模式对生活中的事物进行观察、了解，同时可以找出其中的疑惑点，并通过所学的知识和技巧可以解决一些比较简单的问题，从而使学生的运算能力、解决实际问题能力、思维能力以及创新意识得到全面的发展；认识到在社会以及个人的发展中，数学起到了至关重要的作用，尊重理性观点，具备一定的数学文化素养；在发现、研究和创造数学的过程中拥有了成功的体验，从而逐渐养成了精益求精的学习态度以及一丝不苟的实践作风，对于学生良好品质和辩证唯物主义观点的培养起到了积极的影响。

（二）数学学科教学分类目标

《上海市中小学数学课程标准》（试行稿）中把高中数学的学科课程任务进行了划分，具体划分结果如下。

1. 过程与方法

通过对数学学习的过程、数学思想和数学方法运用的体验，培养学生们沟通与合作的能力、应用能力、逻辑推理能力、批判思维能力以及运算能力等，初步了解有关数学抽象、探索和应用的基本方法。

2. 知识与技能

了解图形和几何、数学与运算、函数与分析、实用数学、三角变换、参数方程与极坐标、数据整理与统计概率、空间向量及其应用、数学模型、数学史等板块的基础知识。

积极体会数学思想方法在进行数学思维和解决问题中的作用，进一步体验讨论、分解与组合、数形结合以及划归等基础的数学思想，学会逻辑划分、坐标法、参数法与等价交换法等基础的数学手段。

可以根据相应的规定与过程，采取推理、计算与画图等手法；可以利用听、说、写来进行交流；在数学学习的过程中，进行自我调整、翻阅资料和改进，具备使用函数型计算器及简单数学软件等进行数学运算的基本技能。

3. 情感态度与价值观

充分了解数学是人类文化中非常重要的一部分，并且对世界数学文化有一定的了解并对其文化持有尊重的态度；了解数学与人类实际生活两者之间密不可分的联系，知道在社会与个人的发展中，数学占据的重要地位；养成积极的学习态度，提高学习兴趣，增强学习过程中的自信心，培养自觉性，让学生们积极进取，迎难而上，保持良好心态。

热衷于研究实际生活中的数学现象，站在数学的角度去探索，在发现问题的时候，可以主动进行探索、讨论并解决问题；对于来自不同方面的丰富信息，会从社会价值和数学价值的方面反复分析、探讨，最后做出选择并应用。

通过不断地数学学习以及解决问题等活动，进一步让学生们的批判意识、主观意识以及合作意识得到增强，逐渐形成数学的应用意识和综合意识，从而加快学生批判性思维习惯的养成。

形成一定的数学视野，了解社会发展和数学发展之间的相互作用；了解到在大部分数学内容中都包含着运动、变化，相互联系和转变的规律，从而加深对辩证唯物主义理论的领悟；通过相关资料的学习，了解到我国国情、社会主义建设成果，以及数学的美学价值，从而进一步使学生们的爱国主义热情和民族自尊心得到发展，并加强他们的社会使命感。

第三节　高中数学学科教学模式与教学方法创新

一、课堂教学模式的概念与特点

（一）课堂教学模式的定义与演变

课堂教学模式是教学论发展中一个新的研究课题，早在 1972 年乔伊斯与韦尔发表《教学模式》之后，越来越多的学者与专家都将目光转到了教学模式的研究上来。了解教学模式的演变对人们了解当代各式各样的教学模式有很大的帮助，同时也可以使人们可以更好地掌握教学模式未来的发展趋势。

1. 模式与教学模式

"模式"是英文 model 的汉译名词，model 也可被翻译成"典型""模型"等。教学模式一词现已被广泛使用，但关于它的内涵却有着各种各样的解释，概括起来可以分为以下四种。

①教学模式属于教学方法，有人提出教学模式就是教学方法，也有人说"常规的教学方法俗称小方法，教学模式属于大方法"。

②把教学模式归入教学程序之内，认为"教学模式是教学过程中一种相对稳定的教学程序，即教学工作应当遵循的步骤"。

③教学模式与教学结构的概念有关。有的人认为：在特定的教学思想与正确的引领下，在实践中所产生的教学活动的基础构架就是教学模式。还有的人则认为：在特定的教学思想指导下，通过围绕某一个主题以及所有有关的东西，对他们的教学构架进行重新组合的方法是教学模式。

④以美国的乔伊斯为领袖，在他们眼中教学模式是组成课业、筛选教材、提醒教师有关活动的一项活动。

上述几种观点，反映的仅是教学模式的不同侧面，而没有反映出它的本质。持"教学方法"论者，是将教学模式简化了，教学模式包含了教学方法，但绝不是一般意义上的方法，也不是各种教学方法的综合。持"程序"论者和"结构"论者，仅是将教学模式纳入教学过程和教学结构的范畴，也非严格的科学定义。而范型或计划，指的只是教学模式的外在表现形式，并不能说明其内涵特征。

从总体上分析，可以将教学活动的组成大体上分为两种：动态结构与静态结构。其中，静态结构是教学、教师以及学生这三个元素在教学活动中相互联系、相互作用。而动态结构是在教学过程中的组织手段与程序安排。任何一个教学活动的静态和动态结构形式，总是在一定的教学理论指导下，依据一定的教学目标构建的。由于教学理论或教学目标的不同，教学过程中诸要素的组合样式以及实际操作方法也不同。

教学模式是在相应的教学观念或者教学思想的引领下，利用数学实践抽象总结，从而产生的一套数学体系。它既不是纯粹的教学理论，也不是具体的教学方法，而是理论与实践的结晶，是把一定的理论转化为实践，又把实践提升为理论的桥梁。从本质上看，它属于教学方法论的范围。

2. 教学模式的演变

"教学模式"这一理念出现于 20 世纪 70 年代，但是在中外教学的教学思想与实际操作中，很早就已经有了教学模式的影子，只是它并不完善。

在古代，传授式是较为典型、普遍的教学模式，其步骤是"讲—听—读—记—练"。最显著的特征就是学生被动地接受教师所灌输的知识，教师完全按照书上的文章进行讲解，学生的对答和教师或书中的讲述完全一致，学生机械性地进行被动、重复的学习。

在 17 世纪时期，由于学校将直观教学法与自然科学的内容加入教学当中，同时采取了班级授课的制度，夸美纽斯认为应该在一节课堂中将讲解、质疑、解惑、练习总结起来，并且在教学活动的体系中加入观察等直观活动。赫尔巴特的理论观念在某种程度上将当代科学发展的趋势完全呈现了出来。他以统觉论为基础，进一步探索人的心理活动，他觉得学生在学习时，只有新获得的经验与之前已构成心理的统觉团中的观念产生联系时，才可以真正地掌握新学的知识。因此，教师的首要任务就是选择合适的教材，通过适当的方式提醒学生，使他们的学习过程又可称作统觉团的形成与发展过程。就这一观点出发，他提出了一项四阶段教学模式，四阶段分别为："明了—联合—系统—方法"。而后来他的学生又再次进行改造，变成五阶段教学模式："预备—提示—联合—总结—应用"。

以上所提到的教学模式都有一个共同的问题，它们都没有考虑到学习过程中学生的主体性，这种一味地强调灌输手段，在不同程度上打压和阻碍了学生的个性发展。正因如此，在 19 世纪 20 年代，由于大工业生产的形成与快速发展，人们开始大范围推崇个性发展的思想，这严重破坏了以赫尔巴特为代表的传统教学模式，而杜威的实用主义的教学观念随之产生并受到了广大群众的推崇，这一现象使教学模式的发展向前迈进了一大步。

杜威所提出的教学模式是以学生为中心，以"做中学"为前提的实用主义模式。其基础操作流程是"创设情境—确定问题—占有资料—提出假设—检验假设"。这一模式改变了之前单一化教学模式的方向，补救了赫尔巴特教学模式中的不足，并强调要活动教学，注重学生在学习过程中的主体性，增强了学生发现、探索的技能，提高了学生研究、解决问题的能力，同时为教学模式的研究开辟了新的途径。

不过，实用主义的教学模式也有一定的不足。它将科学探索过程与教学过程放在同一层次，降低了教师在教学过程中所起到的引领作用，一味地将直接经验放在首要地位，从而忽视了系统性的学习，大大降低了教学质量。到20世纪50年代，这一教学模式受到了社会的强烈反对。

自2015年以后，科学技术的快速发展导致了教育又将面临新科技革命的挑战，使人们不得不采取新的观点和手段去探讨教育与教学方面的问题。因此，在这一时期的教育界中产生了一大批新的教学观念和思想，同时，也形成了许多新的教学模式。

（二）课堂教学模式的特征与结构

教学活动的基础构架是课堂教学模式，每一名教师在教学工程中都是按照一定的教学模式进行教学的。清楚地了解课堂教学模式的特点和构造，可以使教师在教学过程中更好地发挥作用。

教学模式作为一个完整的功能系统，有其区别于其他系统的特点，课堂教学模式的主要特点有以下几点。

1.操作性

课堂教学模式操作性的特点指的是每一种教学模式，都应该简单易懂，操作起来便于掌握、应用。教学模式如果不具有操作性，就难以让人把握、模仿和学习，以致教学模式难以发展到今天比较完善的层面。同时，教学模式是一套完善的系统，是一组严谨的程序，应用教学模式在一定程度上来看是根据相应的程序和规则进行教学活动的。

2.指向性

每一种教学模式都是以一定的教学目标为中心进行展开、设计的，并且要想有效地利用每一种教学模式都需要具备一定的条件，所以并没有那种适用于所有教学目标的教学模式，也无法评价哪一种教学模式是最好的。

3.完整性

教学模式将教学理念与实际相结合，使二者统一，因此它具备一套完善的系统构架并有相应的运转规则，将理论与实际过程完全体现出来。同时教学模式是一定的教学理论的简要形式，又是一个完整的过程与体系。

4. 开放性

由于教育理论和教学实际操作的不断发展，教学模式也随之不断进步。虽然当教学模式形成之后，它的基础构架就具有一定的稳定性，但是，这并不意味着一种教学模式的构成部分与内部框架就不会改变。在初期，教学模式还只是一个雏形，很多东西还不完善，需要在实践中不断检验并做出改变，上面所提到的五段教学模式的发展过程就完全证实了这一观念。最早由赫尔巴特所提出的四段教学模式，由他的学生在日后的实践中不断获得新的经验、新的观念，从而把四段教学模式多加了一段，逐渐形成了如今的五段教学模式。

5. 稳定性

可以说基本上所有的教学模式都会重视教学模式所具备的稳定性。

教学模式并不是在个别的教学实际操作中无意产生的，而是经过不同的、大量的教学活动，对其中的理论知识进行总结，在不同层面上展现了教学活动的普遍性。站在实践角度来看，稳定性是科学性、普遍性的前提，只有当教学模式具有一定的稳定性时，其他的特征才会有可行性。可是教学模式的稳定性是相对的，教学模式总是与当时的社会经济发展水平相一致的，总是与人们对教学的理解相关的。人们对教育的目的看法发生变化，教学手段随着科技水平的提升发生变化，教学模式也会不断地发生变化。

6. 灵活性

虽然说教学模式具有一定的稳定性，但是这并不代表教学模式就没有一定的灵活性。

灵活性的表现，一方面是各式各样的教学手段，另一方面是对学科特点的十足重视。因为教学模式中的过程要具有参照性的特点，所以在大部分情况下，教学模式都不会涉及具体的学科内容，它只是对教学内容的本质有一定的条件限制。

二、常用的几种课堂教学模式

（一）掌握教学模式

1. 概念界定

掌握学习是美国芝加哥大学教授布卢姆在卡罗尔"学校学习模式"的基础

上提出来的。

掌握教学也被称作掌握学习。"掌握"的准则就是在一门学科结束时，学生们要具有相应的知识储备与认知水准。在这条硬性准则的规范下，每一名教师都要通过分析教学内容之间的联系，把它们划分成不同的小单元，然后先对每个单元的内容作出分析研究，制定一项要求学生要完成的教学任务。在教学每一个单元的过程中，教师要及时地接收每一名学生的反馈，并对此作出校正，以此确保学生们对所学内容的了解程度。

总体来说，掌握教学模式是在将能力水平参差不齐的学生作为集体的基础下，采取集体学习的教学方式，找到最适合的教学模式，既能满足班级教学的优越性，也能解决班级内"差生"的问题，确保每一位学生都能拥有一定的能力，并达到相应的学习水平。

2. 操作程序

掌握教学的实质是教师在了解学生和明确目标的前提下，以学生全部掌握为目的进行教学，并且学生是不是能开始下一阶段的学习，这是由学生在上一段学习结束之后，通过反馈所了解到的知识掌握情况而决定的。所以，掌握教学模式分为以下四个阶段。

（1）教学准备

教师首先要对学生的状况有一个基本的了解，即教师要了解学生。在学生开始学习某一课程之前，教师要对他们的认知水平有一定的了解，如学生所拥有的知识量与现有的认知水平等等。这可以通过新课题教学前，教师利用小测试对学生做出评价来知晓学生拥有多少相关的知识以及学生的学习兴趣、态度与信心等实际情况，有利于教师在接下来的教学工作中因材施教，为学生制定适合的学习目标。

然后，老师要准备教材。对教材的准备主要是指教师在了解学生的基础上，制定一个全面详细的教学任务。教师要把整个课程进行分解，划分成一系列的小单元，并为每个单元安排相应的教学任务，同时，在对教材的准备过程中，为了了解学生对该单元的掌握情况，教师需要以每一单元的教学任务为参考，为每个单元制定出简短的"阶段性测试"的试题，保持考试时长在15～20分钟。

（2）集体教学

掌握教学的集体教学与传统的班级教学有相同之处，但是相比较传统教学而言，它又具有以下两个特点。

①为了能确保教学的顺利进行，要根据制定好的教学任务双向细目表，安

排好教学流程。

②为了开拓学生的思维，要采取合适的教学手段，激发学生的学习兴趣，引领他们积极参与，提高认知水平。

（3）适时反馈

掌握教学的重点就在于要在教学流程里做到多次的及时反馈。无论教师的教学手段多么有效，在学习过程中，还是会有一部分学生因为各种因素使学习落后，这就会影响他下一阶段的学习，而且每次学期结束后的考试，所反映出来的是这个阶段累积的不足。

（4）及时改进

当得到反馈信息之后，要及时与教学目标双向细目表进行比对分析，从中发现没有达到相应知识水平的学生，并做出改进。

校正改进的方式与最初的集体教学方法是不一样的，可以采取不同的教材、参考资料与视听材料等，或者教师进行重新教学或者个别辅导，也可以让学生之间相互讨论、帮助。然后在改进工作结束的 2～3 天里，教师要进行第二次测验，其内容要与第一次测验等值。在第一次没有达到标准的学生只需要做有关上一次做错的试题，然后将学生两次做对的数量加在一起，如果达到了最初指定的标准，就可以将他划分到"掌握者"中。

（二）范例教学模式

1. 概念界定

这一模式起源于德国。"范例教学"最早是由德国历史学家海姆佩尔所提出的，通过德国蒂根宾会议的辩论，以及克拉夫等人的实际探索，最终成为现代教学论三大流派之一的范例教学模式。在 20 世纪 50—70 年代，范例教学模式在德国的发展和使用达到了巅峰时期，体现了德国教育的现代化。

范例教学模式以"知识迁移"理论为主，采取系统、全面的方法对教学内容进行探索，加快学生从"了解"到"能力"的转变速度。这种教学模式可以使学生独立完成学习过程，并不是让学生重复、单一地了解、掌握知识，而是让学生可以举一反三、活学活用，使所学知识可以运用到其他方面，从而改变学生的思维模式，加强学生的行为能力，同时也可以减少学生的学习压力。

2. 教学原则

在范例教学模式中，教师需遵守以下三个原则。

（1）基础性原则

教学要以学生的基础认知水平为起始点，加快学生智力方面的发展，也就是说教学要在学生的实际水平的前提下，通过不断学习来深化新的认知水平。基础性原则要求教学从学科转向学生，因此需要教师将更多的精力放到学生的精神方面上，让他们可以了解多样的基本规律、基本概念以及基本构架之间的联系。所以，基础性是基本性的一个更高层次。从这个原则出发，我们要使学生在教学中掌握"个"向"类"发展的认识内容，同时更注意实现"个"向"类"发展的过程和方法。

（2）基本性原则

范例教学的核心就是选好范例，选择范例的目的是要从中掌握所学学科最基本的内容。从基本性原则出发，选择范例性的基本要素组织教学正是避免机械性的教与学。范例的基本性包括两方面内容：首先所选择的"个"例必须具有典型意义，能够反映出同一类内容的基本特征；其次，它是能给学生整体认知的材料，通过这一"个"例可以全面反映某一带有规律性的东西。

（3）范例性原则

利用精挑细选的范例让教学完成基础任务，达到基本性就是范例性原则。范例教学论提出：范例教学手段的本质是基础性与基本性，而范例性原则是使两种结构保持一致的媒介、桥梁。换句话说，范例性原则就是要创设出--种教学构架，让教学内容、教学手段之间的关系框架化，利用这种教学方式可以让学生的学习兴趣与教学内容联系起来。

范例性原则规定老师们所筛选出来的教学内容必须同时具备代表性、开导性与典型性，让学生可以做到举一反三，活学活用。

（三）程序教学模式

1. 概念界定

程序教学模式是应用机器技术手段的一种个别化教学方式。

程序教学的首创者通常被认为是教学机器的发明者普莱西。20世纪20年代，美国心理学家普莱西首先研究程序教学。随着程序教学的发展，斯金纳继承和发展了桑代克的联结学说，提出了学习材料程序化的思想。程序教学依据的是斯金纳的学习理论。斯金纳的学习理论主要包括条件反射学说和强化理论两个方面，因此，这两个方面也构成了程序教学模式的理论基础。

2. 操作程序

程序教学模式能及时、准确地对教学进行反馈，对学生学习结果及时强化，使其知识得到保持与巩固。运用程序教学模式进行教学，其教学操作程序一般分为四个阶段。

（1）编程

编程：首先把教材分为许多部分，各部分必须是独立的，然后将它们进行有逻辑性的排序。程序教材的编制可分为以下两种形式。

①直线式程序模式。这是由斯金纳所提出的一项教学模式，也是最为经典的。在此程序的流程中，教师将材料划分成一组靠逻辑联系的连续的小部分，安排由浅入深、由简到繁。一般程序化的教材通过机器来呈现，每呈现一小步，要求学生做出外显反应。学生回答后，机器呈现正确答案，然后进入下一步学习。由于步子小，又有提示，学生一般都能做出正确回答。

②分支式程序模式。这是一种可变程序模式。它根据学生可能出现的各种错误，把教材分成小组逻辑单元，每个单元的步子比直线式程序要大一些，内容也相对丰富一些。学生每结束一个单元的学习，都要进行一次该单元的测试，测试可采取多重选择反应法，如果达到了相应的标准，就可以让学生进行下一阶段的学习；如果没有，就要进行补充学习。

（2）定步

定步是指在课堂学习中确定教学活动的速度。这是斯金纳在发起程序教学运动中提出并实行的。在传统教学中，教学过程都是由教师控制的，而程序教学中则由学生按自己的学习情况来规定学习速度。下面三个方面的因素应加以考虑。第一，谁决定，这在程序教学中争论颇大。早期的程序教学认为，学习者必须自定步调，自己规定学习速度。后来，有些人已不把自定步调看作程序教学必须执行的规定。第二，该决定为谁而作，是为小组还是为个人。布卢姆的掌握学习策略试图改变每个人的接受时间而使整个班级得到共同进步，而凯勒计划则完全让学生个人自己确定学习速度，从而使不同学生在同样时间内完成不同数量的课程单元。第三，根据什么作出决定。一种是常模参照，即教师按班级中一般成员所能达到的水平来规定个别学生的步调；另一种是标准参照，教师按教材最终所要求达到的掌握程度来规定学生的步调。

（3）反应

反应是刺激作用的行为后果。在教学过程中，编程和定步结束后，教师以问题的形式，通过教学机器或程序教材给学生呈现知识，使学生能够对一个个问题做出积极的反应。例如，在直线式程序模式中，会发生如下所示的反应：

$$→①→②→③$$

这种反应模式要求学生按严格的规定顺序学习，由于不提供额外信息，不易适合个别差异，因此后来又发展了多种变式，它们的共同特点就是使学生知道答案的正误。

（4）强化

强化是程序教学的结果，也是学生对习得知识的巩固与保持。斯金纳把强化作为教学的一个重要原则。事实上，其他教育心理学家也十分重视强化，这是因为教育任务是保持并巩固学生所学到的知识。加强对结果的了解对学习的进度以及成效有一定的影响。因此，凡是涉及一系列行为的学习场合，都需要尽早促使外部向内部的强化转变，也就是即时强化转化为延缓强化。

（四）情境教学模式

1. 概念界定

情境教学模式的心理学基础是人本主义心理学理论。情境教学模式指的是在教学过程中，通过各样的教学媒体建设以强化教学为主、美感与智慧并存的一个环境，再运用示意、转移的手段，让学生感受到具体变化，形成表象以此来学习知识，同时还可以激发学生的学生兴趣。

情景教学模式是不同于其他教学模式的，它是通过创造情境，渲染氛围，把学生放到所营造氛围中，让他们产生一种心理环境，从而发生移情效应，以此来获得之前无法感受的一种情感。情境教学模式首先以刺激学生为出发点，再将感受深化到思想与情感的范围，从而引起情感变化，促进认知水平的提高。

2. 操作程序

情境教学模式的具体操作流程如下。

（1）分层确定学生组别

按照学生的差异和教师教学的需求，把整体学生按层次划分成几个小组，分别冠之以"红组""蓝组""黄组"等。也可以把小组中的学生再进行细分，以基础较差的学生来说，有的是因智力不足导致的，有的是非智力原因导致的，给他们区分开来，便于对症下药。教师可以通过多种测试来全面地了解学生，如访谈、面试、笔试等等，从而进一步了解他们认知水平的差别和他们的学习方式、学习乐趣及先天因素所造成的差异，再按照这些情况，建立"分户""分类"的档案，作为分层的依据。

（2）分层制定教学目标

分层教学，要根据学生的组别制定教学目标。教学目标常有以下类型：以内容来说，有记忆性目标、理解性目标和应用性目标；以深浅来说，有基本目标、中等目标的高级目标。制定教学目标时要注意，要将教学中的总目标重视起来，要能展现教学要求的统一，确保每一名学生的基础都要打扎实；同时也要尊重学生的个体差异，注重教学目标的层次感，将教学的"层次性"与"统一性"完美融合。

按照教学大纲中所涉及的教学任务以及各个年级对具体教学课程提出的要求，对所有学生进行分类划分，让大部分学生都能完成任务。同时，也要照顾到目标设计的弹性，制定出整体以及各单元的教学任务。在制定目标时，要做到保"底"而不封"顶"，保证每一个学生的求知欲得到满足。同时，拟定教学目标细目表，提前向学生公布，可增强学生对全程学习目标的了解，便于学生自学、自测。

（3）分层设计作业练习

将作业与练习分成基础作业、提高作业和拔尖作业这三个等级。让学生按照自身的实际情况，进行作业与练习的选择。然后在作业评价上也可进行如下改革：对中等生，做对一道"拔尖题"，半倍加分；对差生，做对一道"拔尖题"，一倍加分；差生做错题，暂不打分，待他们真正搞懂订正以后，再给他们打分；根据差生作业中所犯的错误，设计一些练习，练一次就加一分，进步也加一分。

差生会在逐渐变多的分数中，切身体会到自己的努力和学习成绩的提高。教师也可以慢慢地缩短因为作业等级所造成的差距。对于那些中等生和差生来说比较困难、容易犯错的题目，教师要及时地采取有效方法进行辅导，然后再设计一些练习让他们巩固知识，让中等生和差生经历"尝试—矫正—再尝试—赶优"这样一个过程。

三、高中数学学科主要教学方法

（一）中学数学的主要教学方法

1. 讲授教学法

讲授教学法就是教师通过简明、生动的口头语言向学生系统地传授知识、发展学生智力的一种教学方法。

这种教学方法是我国传统的教学方法，也是现在高中数学课程中最为普遍的一种教学方法。这种教学方法的主要特征就是教师用口头语言来传授知识，单方面地向学生灌输信息，学生在运用自己的认知水平对知识进行了解后，将其储备到自己的脑海中。它的好处是可以完全将教师的主导作用体现出来，也可以在一定时间内让学生获取更多的知识，并且可以结合知识进行思想道德教育的传播。不足的是，它是以教师为中心的，会阻碍学生积极性和主动性的发展；讲授针对的是全部学生，不尊重个体差异，不利于因材施教；单方面的灌输式教学，如果运用不当，很容易导致教育的"填鸭式"和"满堂灌"的发生。

2. 读读、议议、讲讲、练练教学法

这种方法的优点在于将读、议、讲、练穿插进行，融自学辅导法、阅读法、议论法、讨论法、讲解法、练习法、讲练结合法于一体。通过"读"逐步培养学生的自学能力和主动获取数学知识的能力；通过"议"使学生的表达能力、沟通能力和创造性思维能力得到发展；通过"讲"使学生尽快理解难点、掌握知识要点，消除疑虑；通过"练"使所有数学知识得到巩固和深化，并形成技能。运用这种方法不仅能够调动学生的学习积极性，提高课堂效率，减少学生压力，还可全方面提高学生的综合素质。

这种方法的不足是：第一，在实际的数学课堂教学中，由于学生知识基础的限制以及数学高度概括性和抽象性的特点，部分学生读不懂数学教材，所以如果运用不当就会使一些同学产生消极情绪；第二，由于时间的限制和班级的实际情况（超级大班，学生基础参差不齐），课堂的议议要么开展不起来，要么成为一种形式；第三，教学过程不易被教师控制，教师需要有良好的教学组织能力，否则数学课堂就会成为少数人的舞台。

在使用此方法时要注意以下几点。

①首先教师要为学生清除阅读障碍，交学生怎样正确地读，引领学生读的时候要带着问题和任务，同时还要给学生充足的阅读时间。

②教师要营造出良好的学习氛围，比如建立几个学习小组、打造积极、和平的学习环境，并及时进行纠正、引导。

③教师在授课过程中要有重点，不仅要将知识讲清楚，还要帮助学生弄明白疑点，并且要有新意。

④教学练习要有一定的层次，并且要具有开放性，充分发挥练习的重要性。

3. 尝试教学法

尝试教学法有以下五个步骤。

（1）出示尝试题

尝试题就是为了使本堂课完成教学目标而设计的与课本中例题类型差不多

的练习题。尝试教学成功与否关键在于尝试题的难易程度。

（2）自学课本

学生在着急去解答疑惑的心理推动下会自学课本例题。教师在这个时候要把握好时机，按照不一样的尝试内容，采取各式各样的方式引领学生读书。

（3）尝试练习

在教师还没有进行讲授下，学生独立去尝试练习，在这个时候学生已经具备了解答尝试题能力的雏形。

（4）学习讨论

在结束尝试练习之后，教师可以让学生将自己的解题方式与教师自身的练习作对比，然后再组成几个小组分别进行讨论。

（5）教师讲解

通过以上四个步骤的实施，课堂内容已经全部表示出来，在这个时间教师进行讲解的主要目的是点睛。

尝试教学法的这五个步骤是一个基本的教学程序，教师在具体运用此法时，可以根据具体的教学情况灵活运用，或增加一步，或减少一步，或几步互相调换和合并都是可以的，只要"先练后讲"的基本精神不改变即可。

4. 发现教学法

发现教学法也被称作发现学习或问题教学法，也就是让学生独立工作后，主动发现、解决问题以及了解其中原理的教学方式。

发现教学法一般有以下 4 个步骤。

（1）创设问题的情境

在这种情境下，可以很容易让学生产生矛盾，并且找出需要解决或者一定要解决的问题。疑问是发现的前提，思考由问题而引起。

（2）提出问题的假设

根据教师所准备的材料，让学生提出问题并提出解答问题的方式。

（3）从理论上和实践上检验自己的假设

观念不同，可以进行辩论，但是想要解决问题，只能靠实际操作中所得出的经验。而创造性思维方式就是依靠实际操作来确定它是否开辟了研究的新路径、新天地的。

而如何判断自己的假设是否正确，这又是一个创造性问题。在学生领悟观点、规律变化以及解决问题中，实际操作能大幅度提高思维的机能。

（4）仔细评价，引出结论

依照实验所得出的结果，进行详细解析并得出结论。

总的来说，教师在采用发现法时，第一步就是要在教材与学生实际水平的前提下，对教学内容进行规划，将其划分成若干个部分，并为每个部分提出实际要求，引导学生自我发现。

（二）教学方法选取的依据与原则

从古至今，已经发展出的教学方法各式各样，随着教学改革的发展，以后还会出现更多有效的教学方式。

在实际操作中，教学质量的好与坏完全取决于教师是否选择了正确、适宜的教学方法。实践证明，教师只有综合考虑所有的教学因素，选择正确、适宜的教学方式，在科学依据的规范下，对其进行结合，才会让教学效果达到最满意的状态；如果没有选择正确的教学方式或者根本没有重视教学方法的选择，那么就会对教学活动产生直接、消极的影响。

要想选择最适合的教学方式，必须要遵守以下的原则。

1.总体把握原则

这一原则是指在进行选择时，要以教学内容为出发点，总体把握教学任务和教学内容的本质与特征，以及具体到每一堂课的重点。

（1）把握教学目的和教学任务

对于不同的教学目的与教学内容，要根据具体情况选择与之相适应的教学方法。

（2）把握教学内容的性质和特点

教学目标和任务的实现是由学生在学习过程中是否掌握教学内容确定的。

由于学科不同，所以其教学内容就会有不同的特征与重点。而在选择教学方式时，教师一定要了解数学内容的特征与重点。

（3）把握每节课的重点、难点和关键

每一堂课都会有不同的重点、难点以及关键内容。因此，在选择教学方法时，教师要注意突出重点、打破难点、把握关键。

2.师生共明原则

该原则指的是在教学方法的选择上，教师不仅要考虑其能否完全驾驭各式各样的教学方法，还要考虑学生能否接受所传授的知识，争取做到将双方的特性与教学方式完美融合到一起。

（1）教师自身利用各种教学方法的可能性

在选择教学方法时，只有教师的自身水平与教学方法相适应，教学方法才能发挥出最大的作用。

（2）教学对象——学生的可接受性

教师所选择的教学方法必须是适合学生实际水平与未来发展的。教学只有在符合学生学习规律的前提下，才能发挥出最大的作用。

在数学应用阶段的教学可以多选用启发、探究式的教学方法，甚至采用教师引导下的自学方法，以引导学生独立地研究问题，获得知识，发展智力。一般地，中学低年级学生数学抽象思维能力较弱，可选用直观、演示的方法配合讲授教学；高年级学生数学抽象思维能力增强，可多选用讲授、讨论的方法等。与此同时，教师也不能忽视学生的可接受性，这并不代表教师要一直消极地去适应学生的实际情况，而是提醒教师要以学生实际情况为出发点，从而选出可以促进学生学习独立性的方法。

第四节　高中数学核心素养的培养策略

一、高中数学阅读能力的培养策略

数学教学离不开数学阅读，这已经成为所有数学教师的共同认识。教师要在课堂中有目的、有意识地引领学生阅读数学材料，这有利于学生看书习惯的培养以及阅读能力的提高。

总体来看，高中学生数学阅读能力的培养经过以下几个基本过程。

（一）激发学生数学阅读的兴趣，培养他们良好的数学学习习惯

培养学生数学阅读能力首先要激发学生阅读的兴趣。对于广大的高中生来说，他们的求知欲望强烈，并且精力非常旺盛，对感兴趣的事物会全身心投入。教师要利用学生这一心理特点，顺水推舟，引领他们对数学阅读产生浓厚的学习兴趣。

知名教育家陶行知老师曾经提道："兴趣是孩子最好的老师"。只有有了兴趣，才会激发孩子的求知欲。而教学阅读远远不如小说、杂志阅读简单、有趣，所以，教师要营造一个有一定难度的问题环境，从而引起学生对此的探索兴趣，激发学生的求知欲，从而引领学生进行数学阅读。

数学来自生活，生活中充满着数学问题，在教学中我们应该尽量体现"数

学来自生活，来自实践"的思想，将生活中的问题与数学问题联系起来，再将问题解决与数学阅读结合起来，最大限度地激发出学生的求知欲，让学生在日常生活中就可以发现数学、学习数学、掌握数学，从而感受到数学阅读与数学探索的欢乐。对于学生在阅读过程中所获得的知识，教师要及时发现，并且不要吝啬自己的鼓励，进一步激发学生的阅读兴趣。除此之外，教师还可以给学生们列举古今中外的数学家刻苦学习的故事，从而启发他们努力学习，并逐渐培养出学生良好的学习习惯。

数学是学习自然科学知识的基础知识和工具，阅读数学教材不像看小说那样容易理解文章的内容。中学生阅读教材，有一个从不习惯到习惯，从不自觉到比较自觉的过程。教师要耐心等待，循循善诱。

（二）从阅读数学课本开始，在教学中培养学生的数学阅读能力

首先，中学生数学阅读能力的培养应该从阅读数学课本开始，培养中学生阅读教材的能力是中学数学课堂教学的一项重要任务。

教师要在课堂中有目的、有意识地引导学生阅读数学材料，逐步提高他们的数学阅读能力，这对于他们无论是继续深造或是就业都是必不可少的。

其次，"实践出真知"。中学生的数学阅读能力是在数学教师正确的引导下"练"出来的，而不是靠数学老师"讲"出来的。因此，教师在教学实践中可以采取以下做法来培养学生的数学阅读能力。

1. 对学生可以看懂的教材，着重培养学生的分析、概括能力

教师可以指出几个相关问题，让学生独立阅读材料、思考，这种做法不仅能检验学生对教材的理解程度，还有利于学生对教材的理解。

比如，当学生学完"一次函数图像和性质"后，对于课本上的例题，绝大多数学生可以完全看懂，于是教师可以提出如下问题。

①一次函数中自变量的取值范围是什么？函数的取值范围是什么？

②一次函数的图像是什么？有哪些性质？如何画出一次函数的图像？

③一次函数与正比例函数的关系是什么？

④你能根据课本上的例题，编制一道一次函数的习题吗？

教师可让学生一边阅读、一边思考，在这之后组织学生开始讨论这些问题，并对他们所存在的问题进行纠正。这种做法在检验了学生阅读课本的情况的同时，又加深了他们对本课所涉及的具体内容的理解，进而促使学生掌握一次函数的图像与性质及其应用，弄清楚一次函数与正比例函数的区别与联系，效果良好。

2. 对难理解的教材或教学中的重点内容，着重培养学生的分析、推理能力

（1）带读过程

由于数学语言的抽象性，学习数学语言可能要比学习任何其他语言都困难。数学课本包括特殊的语言表述和抽象的记号，数学文字短小精悍，简明扼要，如果没有精心的带读示范，剖析概念的内涵与外延，分析在例题求解过程中方法的筛选、策略的择优以及数学思想方法的运用等，那么学生势必会按语文阅读方式进行，从而忽视了数学阅读的特殊性，造成念完一遍之后，枯燥乏味，不得要领的局面。

（2）导读过程

在学生初步掌握研读数学课本的基本方法后，教师要对学生的数学教材的阅读提出进一步的要求和指导，如将数学阅读分为个人研读（粗读、细读、精读）和集体研读（默读、诵读、研讨），根据教材的内容和学生的情况决定阅读的方式。

导读过程，就是在学生阅读之前和阅读之中教师通过有效的方式指导学生进行有效阅读的过程。为了促进学生阅读数学教材，教师还可以针对教学情况在课前给学生布置阅读提纲，让同学带着悬念去读书，并在课堂上提问督促，同时要尽量鼓励同学提出对课本问题的疑问和猜想，以激发同学的求"读"欲。然后让学生在阅读材料之后再进行思考、回答。这种方式，不仅能让学生的阅读更加精准，可以提高阅读能力，还可以激发学生的阅读兴趣，使他们积极、自主地阅读。教师也可以组织学生进行讨论，并对他们所得出的结果进行评价和鼓励。

3. 扩大课外阅读，加强学科联系

培养学生的数学阅读能力，不能仅仅停留在学校里和课堂上，也不能仅仅停留在读数学课本上。事实上，学生养成阅读习惯，扩大阅读视野，丰富知识领域，也能促进他们数学的学习。新课程标准提出，教育应关注学生的可持续性发展。近年来应试教育的弊端造成一个明显的失误，就是大幅度减少了学生的课外阅读量。

二、高中数学素养的发展策略

（一）创设现实的问题情境

从数学组成部分来看，数学素养包含数学应用与能力素养、数学思想方法素养以及数学知识与技能素养。通过分析高中生解题思路来看，数学教学忽视了对学生生疏情境的创设，而过于重视双基教学。情境教学，即在所拥有的数学知识水平的基础上，再通过数学思维模式的思考，利用数学观念去解决问题，最终领悟其中的有关数学的观念以及解决手段，从而全方面提高数学素养。换句话说，就是把问题作为主要动力，在发展数学素养、能力的同时，使数学应用素养、数学能力素养以及数学思想素养也可以一起进步。

在教学过程中，教师需要引领学生通过思考，用数学的理论去解决问题，并领悟此中数学理论与教学方式，这样才可以使各个方面的数学素养得到全面的发展。喻平曾在数学解题教学设计中提出了以下两种解题模式。

1. 模型建构解题教学模式

模型建构解题教学模式的教学步骤分为以下几点：

①教师营造出问题情境；

②在教师的引领下，让学生去发现问题并分析出现问题的各种原因，从中找出它们之间的联系和可以限制其产生的条件，将其总结为数学语言；

③创建问题的数学模型；

④解答出数学模型的结果，并与原型进行对比分析，对于所发现的问题做出实际意义的阐述；

⑤对问题进行反省与解答。

2. 问题开放解题教学模式

问题开放解题教学模式具体分为以下教学步骤：

①教师创设问题情境；

②让学生对相应问题提出假设；

③对所提出的假设做出判断；

④如果假设是错误，就返回到第二步，再一次提出假设；

⑤如果假设正确，则完整证明；

⑥对问题及解答进行反思。

（二）创设数学的应用氛围

通过对学生的数学素养的调查，我们可以发现大部分学生的数学素养成绩都不是很高，而造成这一现象的主要原因就是教师在教学过程中过于重视课本知识的传授，而忽略了营造应用氛围。每个人的数学素养的强弱，是在能否在实际情况中用数学思维方式去发现、解决问题中体现出来的。

一般传统的教育方式都是照葫芦画瓢，教材上写什么，老师就教什么。当学生面对比较抽象的数学问题时，虽然想学，但却学不会，只有靠死记硬背的方式来对付检测。而究其原因是教师在教学过程中忽略了数学的实际使用情况，从而导致学生没有经历过数学化的问题。

在教学过程中，课程占据着首要的位置，但是教学过程不能因此而局限在课程中。在数学教学过程中，教师要以课程为基础创立一个数学的应用情境，这样才能使数学教学得到快速、有效的发展。因此，只有做到将实际情况与教学方式完美结合，并将社会上的教学资源完全发掘出来，才可以培养学生用数学思维方式看待、解决问题的数学素养。

（三）创设沟通与合作的课堂学习环境

根据对数学素养评价方面的解析我们可以发现，大部分学生在理解和解决问题方面都不是很擅长。而这个问题同时涉及了数学表达能力、分析问题的能力和解决问题的能力。

建构主义认为，每一名学习者都有属于自己的经验，不同的学习者对同一个问题可以提出不同的观点，然后再通过分组讨论、合作学习、沟通交流等方式，在经历过这样的流程后，学生可以明白其他人的思维方式，并且学会尊重、欣赏、辩论和合作。学生要对自己和别人的观点进行反思。通过交流学生可以看到问题的不同侧面和解决问题的不同途径，从而产生对知识的新的理解。

所以，在教学中创设合作交流的学习环境，可以引起学生强烈的学习动机和主动的探究活动，从而促进学生思维能力和问题解决能力的共同提高。

第七章 大学数学教学与核心素养的培养

数学是一门创造性极强又非常严谨的科学，数学的研究是高度抽象的精神产品，对人类进步具有极其重要的意义。数学的应用性很强，能够应用到任何一门科学中，利用好数学这个工具，对各个学科的发展都是有益的。当前国际经济的竞争，在某种程度上已转化为数学教育的竞争。对所有学生进行优质的数学教育并培养其核心素养是一个国家经济兴旺发达所必需的。

第一节 大学数学课堂教学设计

一、大学数学课堂教学设计现状

（一）内容设计与教学脱节或重复

学生的认知规律一般呈现出螺旋式上升的特点，数学课程知识的构建应遵循这一规律。相同领域的学习内容在不同的学习阶段的要求是不同的，相同主题的学习内容具有极强的相关度，教师在进行教学设计时要立足整体，完整把握课程内容。但是，多数大学数学教师做不到这一点，他们不能清晰地掌握数学知识体系的脉络，不能充分了解各部分课程内容之间的相关性。他们只着眼于教材和教案，甚至直接按照教学参考资料来进行教学设计，从而出现教学内容设计与教学脱节的问题。

教案是教学设计的成果。教案的编写过程是教师将教材上的隐性知识显现出来，使教学设计更清晰、有条理的过程。有些教师认为编写教案没有太大意义，编写的教案只是一个粗略的教学设计，因而在实际的教学活动中不会发挥太大作用；也有教师没有编写教案的习惯，而是习惯于在教材或者教学参考资料上做笔记；甚至有些教师抄袭他人的教学设计。大多数教师只有在做公开课时才会精心地完成教学设计，但这些精心准备的教学设计在平时的教学活动中完全不能发挥作用。这些在大学数学教学中普遍存在的现象导致了教学设计的简单化和形式化以及教学设计在教学中没有发挥出应有作用。

（二）教学目标不明确

教学目标具有将教学重点传递到学生大脑的作用，同时它还能为教师的教学活动指明方向。教学目标的制定应将课程作为制定依据，可以结合教学内容加以调整。但在实际的教学中大部分教师不仅没能做到这一点，而且经常是本末倒置：教案完成后再制定教学目标。由于教案存在问题，制定的教学目标有不够明确。

（三）教学方法老套

我国的传统教学模式是内容传授—示例讲解—课堂练习这种结构，这种结构一直保持到现在的教学模式中。这导致在大学的数学教学中，教师对教材和教案的理解代替了学生的认知过程。教学设计陈旧老套，没有创新性可言，损害了学生的积极性和创造性。

二、大学数学课堂教学设计方案

（一）教学内容的设计

教学内容的选择和设计在教学设计中具有重要作用。教师在进行教学设计时应对教学要求和教学重点、难点有一个准确的把握，并选择有效的教学方式将教学重点和教学难点凸显出来，以求达到完成教学目标的最终目的。

（二）教学目标的设计

教学目标是教学过程中诸多环节的重中之重，而制定教学目标是教学设计的第一步。所有教学活动都要在教学目标这个基础上进行，教师应清楚地了解教材对学生的要求，包括学生的学习内容、学生的学习方法，教师应清楚如何完成教学目标。教学目标的设计会影响到教学效率，教学方法的选择会影响教学目标的实现。教学方法的选择要将教学目标、教学内容、教师的个性特征、学生的生理和心理发展特点作为依据，还要在选择教学方法时考虑教学方法能否使学生更加积极主动地学习，能否将学生在教学活动中的主体地位突显出来。

（三）教学方法的设计

教师在教学活动中不仅需要遵循教学目标的指导，还要鼓励学生发现问题，提出问题。教师可采用创设情境的方法进行教学，即根据教学内容和学生的特点创设情境，在特定的情境中指导学生发现问题并引导学生进行思考，从而解决问题。这种情境教学法能够提高学生的学习主动性和积极性，使学生成为学习的主动方，从而使课堂教学更加高效。教师在引导学生发现问题时要注意培养学生在日常生活中抽离出数学模型的能力。

教师是教学活动的组织者和引导者，随着数学新课程的推广和实施，数学教师的角色发生了转变。这就要求教师要发展出新的能力结构来应对教育的变革和发展。在数学的教学活动中，教师的数学教学能力对教师在教学活动中的地位和作用具有决定作用。而教学设计能力是教师的数学能力结构中的基础和核心。因此，教师要不断地发展和完善自身的教学设计能力，以完善自己的能力结构，同时使课堂效率更高。

第二节　大学数学教育思想与哲学

一、数学教育思想概述

数学的重要性正在被人们普遍接受。但数学思想的普及还不够广泛，大多数人尚未掌握数学思想。世界各国，尤其是发达国家，都在着力进行数学教育的现代化改革。任何改革中，思想的转变总是处于最高层次上的，要有效实施数学教育，首先就要转变思想，树立起正确的数学教育观。这是由于教学活动以及教学活动中教师和学生的地位和作用在很大程度上会受到教师的思想观点的影响。教师的教育思想对其教学活动有直接影响，这些影响涉及教学目标的定位、教学原则的贯彻、教学模式及策略的制定、教学评价的实施等方面，数学哲学思想对数学教育的指导作用，突出地表现在人们对数学教育思想本质的深层认识及对数学教育思想作用意义的新思考。对数学教育的含义有深刻全面的理解和掌握会使数学更好地发挥其作用。

究其本质，应将数学教育作为文化素质教育来看待，或者说，它本应当是一种文化素质教育或人文素质教育。数学课程虽然不是人文课程，但它是诸多科学课程中与人文课程最为接近的课程。

二、数学教育思想的本质

数学教育思想，是人们在一定的社会实践中，直接或间接形成的对数学教育问题的认识。人们在对数学教育的认识、探索中提出的问题是多种多样、纷繁复杂的。根据问题的类型、层次等特征，可以大致将数学教育问题分为三个层级：第一层级是数学教育的元问题；第二层级是数学教育的基本问题；第三层级是数学教育的具体问题。一般而言，数学教师具有的数学思想有以下几种类型。

一是静态的、绝对主义数学观。这种观点将数学知识看作是绝对真理的集合，是经过组织的逻辑体系，具有高度统一的特点。

二是动态的、易谬主义数学观。这种观点将数学看作是发展过程中的知识，由于其尚处在发展过程中，它需要不断地尝试错误，改正错误。

三是工具主义的数学观。这种观点将数学看作是解决问题的方法和技巧的集合，而不是具有高度统一性的整体。

四是文化主义的数学观。这种观点将数学看作是人类文化中的一种特殊形态，它是一种富于理性主义、思维方法、美学思想与文化功能意识的特定的知识体系。

数学教育的元问题，是数学教育最高层次的问题，包括数学教育本体意义上的问题，亦涉及数学对象本体等方面的问题。处于第二层次级的数学教育的基本问题，属于人们对数学教育在认识论方面的反映，包括数学教育对社会和个人的价值如何，数学教育的目的是什么，它在何种程度上影响人的发展和社会的进步，教师和学生在数学教学活动中的地位和作用如何等等。位于第三层级的数学教育的具体问题，涉及数学教育及教学活动的细节，属于方法论方面的问题，如教师的教学方法、学生学习的方式方法等。

对于第一层级、第二层级即数学教育的元问题和基本问题的回答，便形成了数学教育的本质观、价值观、目的观、发展观及教师观和学生观等，这些教育观的集合便构成了通常意义上的数学教育思想。

三、数学教育思想的形成、表现形式和社会层次

当今世界，科学技术日新月异，各国之间综合国力的竞争日趋激烈，"科教兴国"已经成为我国的基本国策，这一切都与作为科学技术基础的数学息息相关。随着经济的发展和社会的进步，"终身学习"和"人的可持续发展"等教育理念被广泛认同。教师对于数学教育的本质的理解会影响数学教育思想的

形成和发展。从数学的层面来看，对数学本质的认识，也就是数学观会影响数学教育思想的形成和发展；从教育层面来看，对数学本质的认识，也就是教学观会影响数学教育思想的形成和发展。数学教育思想面临着重大变革。数学教育思想的表现形式，大致可以分为个人的、群体的、社会的三种类型。个人的数学教育思想，大多来自个人与数学教育直接或间接联系中的经验体会，这些经验体会的日积月累，便形成了一定的数学教育思想。群体的数学教育思想，是个人数学教育思想为别人所认同或接纳转化而来的。它本身带有明显而浓厚的个人色彩，著名的数学教育思想的传播，本质就是个人的数学教育思想寻求别人的认同和接纳，转化为群体的数学教育思想。社会的数学教育思想，是一个社会在特定的历史时期对数学教育的根本看法。它涉及当时社会的政治、经济、文化等诸多方面，较为客观地反映着当时社会、历史对数学教育的要求。

社会的数学教育思想，一旦形成之后，便成为所处时期进行数学教育的理论和依据，并处于社会意识层次的水平之上；个人的、群体的数学教育思想，多是经验型的自发的思想，处于社会心理层次上。这两种社会层次的数学教育思想，是相互联系、相互作用和相互影响的。当个人、群体的数学教育思想适应社会对数学教育的要求，体现当时社会的数学教育特色时，可得到社会的认同，转化为社会的数学教育思想。同时，处于社会意识层次上的数学教育思想，其实施必须为个人、群体所同化，即转化为社会心理层次上的数学教育思想，才能实现预定目标，取得预期效果。

四、哲学对数学教育观改革的意义

随着对数学教育理论的研究逐步深入，关于数学教育的哲学思考也逐步走入人们的视野之中，一般将对于数学教育的哲学层面的思考称为数学教育的哲学研究。数学哲学发展史表明，一个社会在一定时期的数学发展状况、数学教育策略，与当时社会人们对数学的哲学认识和思考有关，这种哲学认识和思考，涉及数学的本体论、认识论和方法论等方面的问题。应该承认，可能有一部分数学工作者、数学教育工作者的上述认识和思考是无意识或不自觉的。但从社会的整体性而言，上述认识和思考对当时社会的数学持续发展水平、方向，对数学教育的推动是不容忽视的。同样地，从哲学角度认识和思考数学教育思想的本体论、认识论和方法论等方面的问题，对当今时代的数学教育的改革与发展也具有重要意义。

每个数学教师，无论自觉与否，总是在一定思想的指导或影响下从事自己的教学工作的。同时，数学教育思想，总是寓于对数学教育的理解、实践等活动之中，为这些活动提供存在的依据。因此，数学教育的改革，突出表现在新旧数学教育思想的变更，尤其是个人、群体的数学教育思想与反映社会发展所需要的社会教育思想的相互转化是其成败的关键，从哲学的角度认识数学教育思想具有重要意义。使用哲学的理论观点和研究方法分析数学教育问题就是从哲学的角度出发研究数学教育问题，这对树立正确的数学教育思想是极其重要的。更进一步地说，数学教育思想可以看作是数学教育哲学基础的重要内容。

首先，数学教育思想有助于数学教育的指导思想、方针政策的确立。数学教育的指导思想，体现了社会、国家办好数学教育的根本性质、方向、目标和任务，具有方向性、全面性和长远性，它是通过国家行政部门和有关机构强制推行的。因此，将反映社会发展需要的数学教育思想转化为数学教育的指导思想，成为制定有关政策的依据，而总体上促进人们数学教育思想的更新和改变，推动全社会数学教育改革，就显得非常重要。

其次，数学教育思想能增强数学教育实践的效力。数学教育实践活动，都有明确的目标和预期目的。然而，每一个数学教育实践主体不同程度地都有自己的数学教育思想。它直接支配着个体的数学教育实践。由于这些个体的数学教育思想处在社会心理层次上，具有一定的局限性，只有将它们与社会意识层次上的数学教育思想相统一，被社会意识层次上的数学教育思想同化，才能使每个教育实践主体的行为符合社会发展的需要，提高社会数学教育实践的质量。

最后，数学教育思想有助于改造社会心理层次上的数学教育思想。社会存在决定社会意识，社会意识对社会存在具有反作用，这是辩证唯物主义和历史唯物主义的观点。这种社会存在对社会意识的决定作用，以及社会意识对社会存在的反作用，都是通过社会心理来实现的。社会心理是作用和反作用得以实现的中介，社会意识只有在更广泛的基础上转化、凝结、沉淀为人们的社会心理，才能有效地发挥作用。处于社会意识层次上的社会数学教育思想，只有转化为社会心理层次上的、个人的或群体的数学教育思想，实现个人、群体数学教育思想由自在到自为的转变，才能对数学教育实践活动发挥积极有效的指导作用。因此，数学教育改革，仅停留于方针、政策的制定和更新，仅停留于学校内部、教师队伍之间、教学方式方法的推陈出新，是目光短浅的、有缺陷的。数学教育改革应注重发挥全社会的整体效能，重视长期被忽视的社会心理层次上的、个人的和群体的数学教育思想转变。否则，数学教育改革将受到阻碍，使数学教育不能满足社会的发展需求。

第三节　数学思维与数学思想方法

一、数学思维

学习数学，不仅要掌握数学的基本知识和重要理论，而且要注重培养数学思想，增强数学素质，提高数学能力。数学教学的效果和质量，不仅仅表现为学生深刻而熟练地掌握系统的数学学科的基础知识和形成一定的基本技能，而且表现为通过教学发展和提高学生的数学思维能力。

数学的教学过程中，经常采用的思维过程有分析—综合过程，归纳—演绎过程，特殊—概括过程，具体—抽象过程，猜测—搜索等，并且还会充分运用概念、判断、推理等的思维形式。从思维的内容来看数学思维有三种基本类型，一是确定型思维，二是随机型思维，三是模糊型思维。所谓确定型思维，就是反映事物变化服从确定的因果联系的一种思维方式，这种思维的特点是事物变化的运动状态必然是前面运动变化状态的逻辑结果。所谓随机型思维，就是反映随机现象统计规律的一种思维方式。具体一点来说，就是事物的发展变化往往有几种不同的可能性，究竟出现哪一种结果完全是偶然的、随机的，但是某一种指定结果出现的可能性则是服从一定规律的。就是说，当随机现象由大量成员组成，或者成员虽然不多，但出现次数很多的时候就可以显示某种统计平均规律。这种统计规律在人们头脑中的反映就是随机型思维。确定型思维和随机型思维，虽然有着不同的特点，但它们都是以普通集合论为其理论基础的，都可以明确地进行刻画，但是在客观现实中还有一类现象，其内涵、外延往往是不明确的常常呈现"亦此亦彼"性。为了描述此类现象，人们只好使用模糊集论的数学语言去描述，用模糊数学概念去刻画，从而创造了对复杂模糊系统进行定量描述和处理的数学方法。这种从定量角度去反映模糊系统规律的思维方式就是模糊型数学思维。上述三种思维类型是人们对必然现象、偶然现象和模糊现象进行逻辑描述或统计描述或模糊评判的不可缺少的思维方式。

数学思维方式的分类有多种标准。按照思维的指向性分类，可以划分为集中思维（又叫收敛思维）与发散思维；按照思维的前进是否有充分的理由保证分类，可以将思维分为逻辑思维和直觉思维；根据思维是依靠对象的表征形象还是抽取同类事物的共同本质特性而进行，可以划分为形象思维与抽象思维。现在有人又根据思维的结果有无创新，将其划分为创造性思维与再现性思维。

（一）集中思维和发散思维

集中思维是指根据来源相同的材料分析正确答案的思维过程。集中思维的思维方向是集中于同一个方向的。在具体的数学学习过程中，按照定义、公式、法则等使思维集中于一个方法前进的思维过程都属于集中思维。

发散思维是指根据来源相同的材料分析不同答案的思维过程。发散思维方向是沿着不同方向前进的。在具体的数学学习过程中，按照定义、公式和已知条件使思维沿着不同方向前进，不被固定模式限定，从多种角度探寻答案的思维过程都属于发散思维。

集中思维与发散思维既有区别又有联系。例如，在解决数学问题的过程中，解答者一般首先使用集中思维来思考。思考时解答者要确定已知条件并推测可能的结论，这一过程会产生很多联想，这是发散思维的表现；解答者逐一检验可能的结论直到确定正确答案的过程是集中思维的表现。因此，在解决问题时，解答者会用到集中思维和发散思维两种思维方式。由于问题的性质和难易程度存在差距，两种思维方式在解决问题中的地位也有所不同。一般来说，在寻找解决问题的方案时发散思维占主导地位；在使用解决方案解题时集中思维占主导地位。

（二）逻辑思维与直觉思维

逻辑思维是指在逻辑规律、方法和形式的指导下，从已知条件中根据特定的步骤推导出结论的思维形式。数学学习经常会用到逻辑思维，由此，数学学习对提高学生的逻辑思维能力有促进作用。

直觉思维是指没有经过分析论证，也没有具体的思考步骤，只是对问题突然有所领悟，得出答案的思维形式。一般来讲，猜想、假设和预感等都属于直觉思维。直觉思维主要表现为经过长时间的思考后的"顿悟"，具有下意识性和偶然性的特点。由于直觉思维没有具体的思考步骤，而是从整体上把握事物，分析问题的本质，突然地得出结论，因此，很难将直觉思维出现的过程通过表述加以呈现。

布鲁纳在分析直觉思维不同于分析思维（即逻辑思维）的特点时指出，分析思维的特点是可以清楚地表述出思维过程中的具体步骤，思考者能够将这些步骤描述给其他人。进行这种思维时，思考者能够意识到思维的过程和内容。与分析思维不同，直觉思维的步骤不明确，它是在理解问题之后进行思维的。使用直觉思维解决问题能够得到问题的答案，但是不能意识到思维的过程。使用直觉思维思考问题需要充分了解该领域的知识和知识结构，这一点能够让人充分掌握知识体系中的细节，从而进行直觉思维。这些特点需要用分析的手段——归纳和演绎对所得的结论加以检验。在解决问题的过程中，直觉思维有重要作用。很多数学问题的解决都是由直觉思维得到猜想，然后通过逻辑推理加以证明的。因此，教师在数学教育中既要培养学生的逻辑思维能力，又要培养学生的直觉思维能力。

（三）抽象思维与形象思维

抽象思维是用词进行判断、推理并得出结论的过程，又叫词的思维或者逻辑思维。抽象思维以词为中介来反映现实，这是思维的最本质特征，也是人的思维和动作心理的根本区别。

形象思维是指通过客体的直观形象反映数学对象"纯粹的量"的本质和规律性的关系的思维。形象思维是与客体的直观形象密切联系和相互作用的一种思维方式。

数学形象性材料与数学抽象性材料（如概念、理论）不同，它具有直观性，形象概括性，可变换性和形象独创性（主要表现为几何直觉）。所以抽象思维所提供的是关于数学的概念和判断，而形象思维所提供的却是各种数学想象、联想与观念形象。

图形语言和几何直观是数学科学的发展基础。纵观数学科学的发展历程可以发现，很多数学科学的概念是和图形语言紧密联系的，尤其是图形语言中的几何图形语言。很多数学观念也都是从图形形象出发，在直觉的基础上形成的，如证明拉格朗日微分中值定理时所构造的辅助函数，无疑受了几何图形的启示。

在现代数学中经常出现几何图形语言，这不仅是由于有众多的数学分支是以几何形象为模型抽象出来的，而且是因为图像语言是与概念的形成紧密相连的。代数和分析数学中经常出现几何图形语言，显示了在某种意义上几何形象的直觉已渗透到一切数学中。在像希尔伯特空间的内积和测度论的测度之类的抽象概念的形成过程和对其理解的过程中图形形象具有重要作用，这是因为图形语言所能启示的东西是很重要的、直观的和形象有趣的。

图形是自然科学中的特殊语言，它能够对口述、文字和式子语言的表达加以辅助，表达出其他语言形式不能表达的现象和思维过程。图形语言有极强的直观性和形象性，能更加容易地触发几何直觉，如在计算积分时，先画出积分区域对选择积分顺序是十分有益的。对于数学教育来说，培养学生使用图形语言思考和培养学生使用符号语言思考同等重要。培养学生使用符号语言思考能够促进抽象思维的发展，培养学生使用图形语言思考能够促进形象思维的发展。

在解决问题的过程中，经常会用到视觉形象、观念形象和经验形象，如学生在解决数学问题时，往往借助于形象检索有效信息，寻找解题思路。在学习数学概念时，学生倾向于使用形象对这些问题加以说明，也就是几何意义。即使是代数问题有时也会引起学生记忆中的几何形象。

因此，形象思维的价值不仅体现在数学科学上，还体现在数学学科的人才培养上。

二、数学思想方法

数学思想是指对数学活动的基本观点，泛指某些具有重大意义、内容比较丰富、思想比较深刻的数学成果，或者是指数学科学及其认识过程中处理数学问题时的基本观念、观点、意识与指向。数学方法是在数学思想的基础上，提供数学活动的思路和操作原则的方法。二者具有相对性，即许多数学思想同时也是数学方法。虽然数学方法与数学思想不能完全等同，但大范围内的数学方法也可以是小范围内的数学思想。数学知识是在数学活动中产生的，它通过语言、文字和图形等途径呈现出一定的表现形式。数学思想是经过概括、提炼和升华的数学知识，是对数学规律的第二次认识。数学思想隐藏在数学知识中，需要数学学习者去自行探索。

在高等数学中，基本的数学思想有变换思想、字母代数思想、集合与映射思想、方程思想、因果思想、递推思想、极限思想、参数思想等。基本的数学方法，除了一般的科学方法如观察与实验、类比与联想、分析与综合、归纳与演绎、一般与特殊等之外，还有具有数学学科特点的具体方法如配方法、换元法、数形结合法、待定系数法、解析法、向量法、参数法等。这些思想方法相互补充、相互渗透，使数学内容成为有机的统一体。

在整个数学学习的过程中，学生为掌握一种数学思想或者数学方法需要学习大量的内容。这是一个长时间的积累过程，不是通过几节课的学习就能完成的。数学思想和数学方法的获得，需要教师不断地引导、启发学生，同时需要学生学习和领悟。数学思想和数学方法的学习和掌握需要经过潜意识阶段、明朗化阶段和深刻化阶段这三个阶段。

（一）潜意识阶段

数学教学内容中一直存在着数学基础知识和数学思想方法这两条线。数学教材中的章节和习题都是这两条线相互结合的体现。这是因为数学知识和数学思想、数学方法是紧密结合的。在数学教学过程中，学生只注重学习具体的数学知识，而不注意学习这些数学知识中蕴含的数学思想和数学方法以及这些思想和方法下的解决问题的思路和方法。例如，学生在学习定积分概念时，虽已接触"元素法"的思想，即以直线代替曲线、以常量代替变量，但尚属于无意识的接受，知其然不知其所以然。

（二）明朗化阶段

在经过一段时间的数学学习，有一定的解题经验的积累后，数学思想和数学方法的学习由潜意识阶段过渡到明朗化阶段，即学生对数学思想和数学方法的学习和掌握已经趋于明朗。在这一阶段，学生开始注重在解题过程中探索数学思想和数学方法，能够对解题的思路和方法加以概括和总结。当然，这种结果是在教师的引导下形成的。

（三）深刻化阶段

数学思想和数学方法的学习不能仅停留在明朗化阶段，要对其有深刻的理解和掌握，并能将其运用到解题当中。这就需要学习者在解决问题时能根据题意使用适当的数学思想或数学方法解决问题。数学思想和数学方法学习的深化阶段是对数学思想和数学方法进一步学习的阶段，也是实际应用阶段。经过这一阶段的深入学习，学习者能对数学思想和方法有一个基本的掌握。在深刻化阶段，学习者将接触探索性的综合问题，通过解这类数学题，掌握寻求解题思路的一些探索方法。

第四节　大学数学核心素养的培养策略

一、大学数学核心素养——创造性思维

《高等数学》是理工科学生的一门重要的公共基础课，课程的目的主要是培养学生的数学素质，让学生会用数学的思想方法和理论知识去分析问题、解决问题。

学生能力的提高是在获得知识的基础上进行的，但仅仅获得知识是不能产生能力的。能力的提高需要教师不断地引导和有意识地培养。所以，教师在教学活动中应结合理论知识的教学，重视学生创造性能力的培养。

关于创造性思维，常见的有以下几种形式。

（一）直觉思维

在思维过程中，有时大脑中会突然出现新的观念、思路和思想，如对经过长时间的思考仍没有解决办法的问题突然有了新思路。

这种突然获得的新思路就是直觉。人们认识过程中的这种特殊的认识方式就叫作直觉思维。直觉思维的形式不是以一次进步为特征的，而是突然认知的，是顿悟的形式，是飞跃的认识过程。直觉是某种外部刺激所带来的联想，是神经联系的重新组合和认识思维结构上的突破与更新。正是这个原因才使得一个人能以飞跃、迅速、越级和放过个别细节的方式进行思维，从而使他在思想中激起和释放出某些新思想、新观念和新办法。直觉在教学过程中也是客观存在的，并且有其特点，研究这些特点对发展学生的直觉思维、促进其创造性思维能力的发展是有重要意义的。利用具有启发作用的事物和所要思考的对象的某些相似之处，进行"类比""联想"和"迁移"有助于触发学生的直觉思维。受到其他事物的启发也是捕捉直觉的一条重要途径。

数学的发展已经由经验时期发展到了理性时期，人们对于直觉在认识活动中的作用越来越重视。科学发展史上有大量的实例证明，直觉具有逻辑思维不具有的特殊作用，主要表现在以下方面。

首先，在数学认识活动中，数学家在探究解决问题的正确思路和最佳方法时一般借助直觉进行判断和选择。在解决复杂的问题时，要预想出多种解决思路，但只依靠逻辑思维或形象思维难以从这些预想的可能思路中选择出正确的思路，这就需要运用直觉进行选择。

其次，在数学认识活动中，数学家常常凭借直觉启迪思路，发现新的概念、新的方法和新的思想。纵观数学发展史可以发现，很多数学发现不是经过逻辑推理或经过总结归纳得来的，而是凭借直觉得到结论再经过逻辑推理证实的。

（二）猜想思维

猜想是合理的推理，是认识过程中的高级过程，具有直觉性的特点。猜想方法是数学研究者或者发现学习使用的基本思维方法。分析、研究猜想的规律和方法能够促进学生能力的培养、智力的开发和思维的发展。

在数学证明之前构想数学命题的思维过程被称为数学猜想。那么构想或推测的思维活动的本质是什么呢？从其主要倾向来说，它是一种创造性的形象特征推理，也就是说，猜想是面对需要解决的问题，将已有的知识和经验进行选择、加工和整合的过程。

在数学的研究和学习中，数学猜想和数学证明是互为补充，互相联系的两部分。在数学教学中既要向学生讲授数学猜想，又要向学生讲授数学证明，即既要使学生掌握论证推理，也要使他们懂得合情推理。掌握数学猜想的一些基本方法是数学教学中应予以加强的一项重要工作。

严格意义上的数学猜想是指在数学新知识发现过程中形成的猜想。但是这些猜想并不能在短时间内形成。它们实际上来源于广义的数学猜想，也就是数学学习或解决问题时进行的探索或尝试，是在解题思路、解题方法和答案的范围等方面的猜想。它包括问题结论的完整猜想和问题结论的部分猜想。在这一层面上，数学猜想包括类比性猜想、探索性猜想和审美性猜想等基本形式。这些形式也是数学猜想的基本方式的反映。

类比猜想是指使用类比方法，比较问题的相似性获得结论的猜想。常见的类比猜想方法有形象类比、形式类比、实质类比、特性类比、相似类比、关系类比、方法类比、有限与无限的类比、个别到一般的类比、低维到高维的类比等。

探索性猜想是指在已有知识和经验的基础上使用探索法对问题作出靠近结论的方向性或局部性的猜想，也可对数学问题变换条件，或者做出分解，进行逐级猜想。探索性猜想是随着探索的深入而不断对其进行修正，使其不断靠近正确结论的猜想。在解决问题时，探索性猜想和探索性演绎一般是结合在一起使用的。在没有得到明确的解决问题的方法时，可以提出探索性猜想，然后使用探索性演绎来对其进行验证；在已有明确表达的猜想时，则可用探索性演绎来确定它们的真或假。

审美性猜想是指根据对称性、和谐性和奇异性等数学美的思想针对研究问题的特点，使用已有知识和经验，借助直观想象或审美直觉作出的猜想。审美性猜想具有灵活性，可以根据问题的实际情况给出猜想。

（三）灵感思维

灵感是直觉思维的另一种形式，它是对于经过长时间思考而没有得到答案的问题的突然领悟。

数学家或数学工作者对数学研究的热爱和研究数学问题的激情是数学灵感的来源。数学灵感是长时间地思考如何解决问题，然后受到偶发信息的刺激或在放松状态下受到一些因素的启发而突然获得的顿悟。因此灵感通常是突发式的。但是若能按照上述机制诱导，则对数学工作者来说，灵感也可以是诱发的。努力形成灵感容易诱发的环境与条件，如查阅文献资料，与有关人员进行交流讨论，善于对各种现象进行观察、剖析，善于汲取各家、各学科的思想与方法，有时可把问题暂时搁置，或者上床静思渐入梦境，一旦有奇思妙想，要立即跟踪记录，如此等等。

（四）发散思维

心理学家认为，发散思维是在特定的信息中产生的，其着重点是从同一的来源中产生各种各样的为数众多的输出，在这一过程中可能会发生转换作用。这种思维的特点是向不同方向进行思考，多端输出、灵活变化、思路宽广、考虑精细、答案新颖、互不相同。因此，发散思维也被称为求异思维，它是一种重要的创造性思维。

通常来讲，数学中新的概念、方法和思想多源于发散思维。现代心理学认为数学家的创造能力与其发散思维能力呈正相关。

二、创造性思维特性与创造性人才的自我设计

数学教学旨在使学生建立起数学思维能力。思维品质是思维能力的反映，同时也是思维结构的重要组成部分，是衡量学生思维能力的尺度。因此，在数学教学过程中，教师应着重培养学生的思维品质。

（一）思维的特性

1. 思维的广阔性

思维的广阔性体现在解决问题时能否从多角度出发解决问题，能否从多个方面思考问题，能否发现不同事物在不同方面的联系，能否发现多种解决问题的思路。思维的广阔性还体现在从多方面出发探索数学方法或数学理论适用的问题，拓宽其应用范围。数学中的换元法、判别式法、对称法等在各类问题中的应用都是如此。

2. 思维的深刻性

思维的深刻性体现在能够深入地思考问题，在复杂现象中抓住问题的本质，不被这些现象迷惑，尤其是在学习中能够破除思维表面性和绝对化的弊端。要使思维变得深刻，首先要在学习概念时能够分辨容易混淆的概念，其次在学习定理、公式和法则等内容时要能够完整地掌握其适用条件和适用范围，切不可只是一知半解。

3. 思维的灵活性

思维的灵活性是创造性的典型特征之一。在数学学习过程中，思维灵活性的具体表现是能够根据问题的实际情况作出具体分析，根据解题情况的变化对

思维过程和解题方法作出调整，没有固定的思维模式，可以灵活使用概念、公式和法则等，面对不同问题有较强的应变能力。教师可以在教学过程中使用"一题多解"的教学方法培养学生的思维灵活性。

4. 思维的批判性

思维批判性的具体表现是在评价事物时有自己的主见，能够对自己提出的猜想或解题方法作出客观公正的评价，喜欢独立思考，不盲目附和他人的观点也不盲目自大。例如，具有批判性思维能力的学生可以自行改正作业中的错误，并分析错误原因，评价不同解题方法的优缺点。教师在教学过程中可以使用构造反例的方法培养学生批判性思维的能力。

5. 思维的独创性

思维独创性的具体表现是能够独立自主地发现、分析并解决问题，对于这些问题善于提出新的见解并能使用新的解题方法。在教学过程中，教师要有意识地培养学生的独立思考能力，鼓励学生大胆创新，敢于提出新的思考问题的方式和自己的见解。

创造性思维是思维的高级形态，是个人在已有经验的基础上，从某些事实中寻求新关系，找出独特、新颖的答案的思维过程。它是伴随着创造性活动而产生的思维过程，存在于人类社会的一切领域及活动中，发挥着重要的作用。由于创造性思维具有独特性、发散性和新颖性，因而具有创造性思维的人，就其思维方法和心理品格而言，应具有以下一些特征。

（1）富于思考，敢于质疑

他们对书本上的知识和教师的言行，不盲目崇拜。对待权威的传统观念常投以怀疑的目光，喜欢从更高的角度和更广的范围去思索、考察已有的结论，从中发现问题，敢于提出与权威相抵触的看法，力图寻找一种更为普遍和简洁的理论来概括现有流行的理论。

（2）观察敏锐，大胆猜想

他们有敏锐的观察能力和很强的直觉思维能力，喜欢遨游于旧理论、旧知识的山穷水尽之处。对于某些"千古之谜"、人们望而生畏的"地狱"入口，他们却能洞察其中的渊薮并产生极大的兴趣。善于察觉矛盾，提出问题，思考答案，做出大胆的猜测。

（3）知识广博，力求精深

他们知识面广又善于扬长避短，善于集中自己的智慧于一焦点上去捕获频频的灵感。他们常凭借已有的知识去幻想新的东西。

（4）求异心切，勇于创新

他们喜欢花时间去探索感兴趣的未知的新事物，不羁于现成的模式，也不满足于一种答案和结论，常玩味反思于所得结论，从中去寻觅新的闪光点。兴趣上常带有偏爱，对有兴趣的学科、专业，则孜孜不倦。

（5）精力旺盛，事业心强

他们失败后不气馁，愿为追求科学中的真、善、美的统一，为了人类的文明，为了所从事的工作和科学事业的发展毕生奋斗，矢志不移，甘当蜡烛，勇于献身。

一个人的创造性思维，并非先天性的先知先觉，而是由良好的家庭、学校、社会的教育和个人进行坚忍不拔的奋斗求索所造就的。

因此，教育必须采取利于培养创造性思维能力的科学教育方式。今天，学生在学校受教育的过程，应当是培养创造能力、训练创造方法的过程，是激励人们创造性的过程。学生应立于教与学的主体地位，"所谓教师之主导作用，贵在善于引导启迪，使学生自奋其力，自致其知，非谓教师滔滔讲说，学生默默聆受。""尝试教师教各种学科，其最终目的在达到不复需教，而学生能自为研索，自求解决。"因此，大学生在学习过程中，应充分发挥自治自理的精神，要学会自我设计，把握住学习的主动权，去自觉地培养和发展自己的创造性思维能力。

（二）创造性人才的自我设计

学生必须对培养创造性能力的目的有明确的认识，要看到这是时代的要求，是时代赋予青年的历史使命。青年必须以高度的责任感和自信心来对自己的学习阶段做出恰当的规划和设计。

第一，要有高度的定向能力。一旦对大学的每个学习阶段的知识学习和能力训练的要求明确以后，就要排除外界各种干扰信息，不畏惧困难，保持高度的紧张性，促使自觉地、有目的地去索取知识与培养能力，并把重心放在能力的培养上。

第二，要用心去探究、理解科学知识的孕育过程，即假设、推理验证或间接验证、修正假设、推理再验证……这一循环往复的过程。这个过程，正是揭露知识内在矛盾和发现真理的过程，也是遵循唯物辩证法的认识过程。

第三，要研究推敲知识的局限性，真理的相对性。正如爱因斯坦所指出的那样，科学的现状没有永久的意义。

第四，要敢于用批判的态度去学习知识。善于在书中发现问题，在平时的看书过程中发现新的思路，要学会凭直觉的想象去大胆地猜想。猜想出的结论并不一定都是正确的，要学会去分析、肯定和扬弃。即使猜想被扬弃，但获得了创造能力的训练，这也是数学教学所要追求的。因为任何一个创造性的错误都要胜过一打无懈可击的老生常谈。

第五，要学习科学的方法论，学会正确的学习方法和思考方法。切记学习最大的障碍是已知的东西，而非未知的东西，不能在已知的领域中停步不前。

第六，要学会科学地安排时间。因为时间对每个人来说，都是个"常数"。要珍惜时间、利用时间，就得学会"挤"时间，"抓"时间，把精力的最佳时刻用在思维的关节点上，用在思维的最重要目标上去，以保持创造思维的最佳效果。

第七，要学会建立良好的人际关系。有价值的良好的创造活动，常常需要不同的单位和个人的协作，需要提供更多的信息和保持良好的工作条件。因此，良好的人际关系是一个从事创造性活动的人所必不可少的。一旦按照所学的专业的要求和自身的情况做出了实事求是的自我设计，就应当以坚忍不拔的毅力，勤奋刻苦的学习，一步步实现自我设计。

三、创造性思维能力的培养

（一）影响创造力的因素

数学知识结构、一定的智力水平和心理因素是影响数学创造力的三点因素。

1. 数学知识结构

数学知识与结构是数学创造性的基础。知识是前人在创造活动中积累下来的产物，也是后人进行创造活动的基础。知识的储备量会影响创造能力的发挥。知识储备不足者往往不具有丰富的想象力，但知识储备量大的人也不一定具有良好的思维创新能力。庞大的知识储备不能直接影响思维的创新能力，要对知识进行梳理，使知识形成体系。系统性的知识结构能够使知识检索更加容易，使知识的输出和迁移更加容易。因此，系统性的知识结构对数学思维的创造性培养至关重要。

2. 智力水平

一定的智力水平是创造性的必要条件。创造力是智力发展的结果。创造力的培养要将知识和技能作为基础，并且要在一定的智力水平下进行。创造力要求的智力水平主要体现在对信息的接受能力和信息处理能力上，即思维技能。对于信息的接受能力和处理能力是衡量思维技能的尺度。

对数学信息的接受能力主要表现在对数学的观察能力和对信息的储存能力。观察能力也就是对数学问题的感知能力，是指通过解剖和选择问题，获得对于问题的感性认识和新的信息。敏锐全面的观察能力对数学信息的捕捉非常重要。信息的储存能力集中表现在大脑的记忆功能上，即信息输入和信息保存的能力，以便于进行创造性思维活动时使用。因此，信息储存能力是创造性思维活动的保障。

信息处理能力是指大脑在已有信息的基础上进行选择、推理和联想的能力，包括想象能力和操作能力。想象能力对创造性思维的培养有促进作用，求异是培养发散思维的重要途径。

3. 心理因素

情绪、意志力、兴趣等心理对创造性思维有突出影响。国外将这些心理因素称为"情绪智商"。根据情绪发生的程度、速度、持续时间的长短与外部表现可把情绪状态分为心境、激情和热情。平和稳定的心境能够使创造性思维更加灵敏，使其快速地捕获到创造信息，提高创造活动的效率。激情能够促进创造活动的发生，对数学充满热情能够使人将其智力水平更好地发挥出来。

意志力是指为实现目标自觉地运用智力和体力与困难抗争的能力。良好的意志力能够在心理上为创造活动提供保障。

兴趣是创造性活动的动力源泉。专注、长久的兴趣有助于创造性活动的深度发展。

（二）通过数学教育提高创造性思维能力

1. 将创造性能力的培养作为数学教育的原则

任何人都具有创造潜力，学生和数学家同样具有创造性，只是二者在创造能力的水平和层次上有差距。数学家发现并研究新的规律，是创造性地发现人类文明的新知识；学生在已经存在的知识中进行探索是创造性地使自身获得新知识。

对每个学生个体而言，都是在从事一个再发现、再创造的过程。通过数学教学这种活动来培养和发展学生的数学创造性思维，这对于将学生培养成创造性人才具有重要意义。

2. 可采用启发式教学

在数学教学活动中使用启发式教学法能够有效地激发学生的创造性。在启发式教学中使用以下方法能够更好地培养学生的创造性思维。

（1）观察试验，引发猜想

在创造活动的准备阶段应将核心问题从偶然现象中区分出来。偶然现象是指观察实验的结果。将核心问题从偶然现象中区分出来这一活动本身就是创造行为。当这一行为成为自觉的行为时它就会内化为一种创造意识。教师应在教学活动中有意地引导学生观察实验，大胆猜想，寻找规律，以求使学生在思考问题时能自觉地完成这些步骤，从而培养学生的创造性思维。

（2）数形结合，萌生构想

发现新的问题，提出新的可能性，从全新的角度出发思考已有的问题等都需要具备有创造性的想象力。在数学教学中，数形结合的方法是培养创造性想象力的极好契机。

（3）类比模拟，积极联想

类比是指在解决问题时从类似事物中寻求启发，获得解决方法的途径。将类似事物作为原型，在原型中探寻启发，获得新的思路。

（4）发散求异，多方设想

在发散思维中沿着各种不同方向去思考，即探索新运算和追求多样性同时进行。发散思维能力对于新思想的提出、新概念的建立、新方法的构建具有促进作用。数学家的创造能力一般与发散思维能力呈正相关。在数学教学中，一题多解是通过数学教学培养发散思维的一条有效途径。

（5）直觉顿悟，突发奇想

数学直觉是对数学对象的某种直接领悟或洞察，这种直接领悟是没有经历过逻辑推理过程的。数学直觉对数学研究活动有直接引导作用。它能够使数学家免于将大量的时间耗费在没有意义的问题上。直觉和审美能力有很强的相关性，它们都是科学研究中不可言传的才能。在数学教学中可以从模糊估量、整体把握、智力图像三个方面去创设情境，诱发直觉。

（6）群体智力，民主畅想

优良的教学环境和良好的学习氛围对学生的创造性思维能力的培养有促进作用。在教学活动中，教师讲授解题方法和技巧能够直接启发学生的思路，而同学之间的交流可以使个体的创造性思维得到扩散。

3. 数学教学中需要注意的问题

（1）加强基础知识教学和基本技能训练

知识储备和能力积累是学习和工作的必然要求。知识和能力是相互依存，互为补充的关系。知识是能力培养的基础，发展能力是掌握知识的有效途径。知识和能力紧密相连，密不可分。教学方法的实质就在于如何实现教学过程中发展能力和获得知识的统一，并使二者相互促进。发展能力和获得知识的统一问题在教学活动中的具体表现是学生学懂和学会之间的矛盾。学生不仅要学懂知识，还要获得解决问题的能力。学懂知识是获得能力的基础。如果不能学懂知识，那么获得能力将无从谈起。从教学角度来说，学懂是获得能力的问题，学会是培养能力的问题。从懂到会要经过一番智力操作（其中特别是思维），是把人的外在因素转变为内在因素的过程。

（2）训练学生思维、培养能力

在教学过程中，要注重训练学生的思维，培养学生的能力。数学教学不仅要使学生获得知识，还要让学生获得思想和方法，使其思维得到发展，能力得到提高。能力发展的要求和基础知识教学是密不可分的，思想方法和能力是从知识中获得的，要在大量的练习中使用这些思想方法，从而提高能力。譬如，从总的方面来看，学生逻辑思维能力的发展经过了以下几个阶段。

在小学阶段的教学中，理论和法则的阐述都是建立在归纳法（或叫作不完全归纳法）的基础上的。在传授知识过程中，开始总是摆事实，摆了一层又一层，在相信一层又一层事实的基础上，归纳出数学的定理和法则。这时的逻辑训练是在教给学生交换律、结合律、分配律这样一些运算的基本定律。学生就是在获得这些基础知识的过程中，不知不觉地掌握了归纳的推理方法，为今后学习物理、化学、生物等学科打下基础，学会如何通过几个实验、数量模型等归纳出科学的规律来。学生应善于运用所掌握的思维方法，应具有较强的接受能力。

第二阶段是从初中几何课开始，学生开始系统地接受演绎思维的训练。演绎法是一种严密的推理方法，它是人类认识客观世界在思维方面的发展。单靠直观上的正确不能满足认识上的需要，要证明两个线段相等不能靠量一量了事，要证明两个图形全等不能靠剪下来看是否重合，而是从已知条件出发，根据定义、公理和已被证明的定理演绎出必然的结果。

最后，学生到了高中阶段，思想方法逐渐严密，他们产生这样一种思想，不满足用归纳法得出结果，还要求对这些结果进行演绎法的证明，证明它们或者成立，或者不成立。不仅了解局部的演绎证明，还想了解整个课程是按照一个什么样的演绎逻辑系统展开的。这样，中学教育无形中引导学生进入近代科学探讨问题的境界。总之，不能脱离开知识孤立地谈论能力培养，在教学过程中，既要使学生获得能力，又要使学生的能力得到提高。在大学阶段，学生已经具备了基本的思维能力，教学中就应重点考虑创造性思维能力的培养。

（3）研究把知识转化为能力的过程

知识是外在因素，能力是内在因素。教学就是要将作为外在因素的知识转化为作为内在因素的能力，转化速度越快越好，这是教学方法的科学实质。将知识和能力联系起来对二者之间的转化有促进作用，这种联系是思维的产物。教学中的教学内容就是学生的思维内容，知识是在思维活动中形成的，教师要研究学生在学习时的思维状况。这一般表现为求异思维和求同思维，这是学习过程中的基本思维方式。求异思维就是对事物进行分析比较，找出事物之间的相同点和不同点。求同思维就是从不同事物中抽取出相似的、一般的和本质的东西来认识对象的过程。

（4）发挥好解题的作用

解题是发展学生思维和提高能力的有效途径。所谓问题是指有意识地寻求某一适当的行动，以便达到一个被清楚地意识到但又不能立即达到的目的。而解题指的就是寻求达到这种目的的过程。通常来讲，学生的数学活动就是解决数学问题的活动。

解题是一种富有特征的活动，它是知识、技能、思维和能力综合运用的过程。在数学学习中，解题能力强的学生要比能力低的学生更能把握题目的实质，更能区分哪些因素对解题来说是重要的和基本的。有能力的学生对解题类型和解题方法能迅速地、容易地做出概括，并且能将掌握的方法迁移到其他题目上面去。他们趋向跳过逻辑论证的中间步骤，容易从一种解法转到另一种解法上，尽量选择最优解法，并且他们可以逆推思路。能力较强的学生对于题目中的各种关系和解题方法的本质记忆较为深刻，而能力较弱的学生对于题目中的特殊细节记忆较为深刻。

思维和解题过程的联系非常紧密。虽不能将思维与解题过程完全等同起来，但是解题是形成思维的最有效的途径。通过解决数学问题，学生能够形成创造性的数学思维，同时能够实现数学教学的直接目的。在现代数学教学体系中，为了发展学生的数学思维和提高他们的数学能力，要求在数学课中必须有一个适当的习题系统，这些习题的配置和解答过程，应当适应发展学生的数学思维和提高其数学能力的特点和需要。因此，注重解题过程的思维和方法的训练是数学教学的重要职责。

（5）利用好变式教学

变式是一种教学途径，同时是一种思想方法。在数学教学中，"双基"教学、训练思维和培养能力的重要途径之一就是变式教学。变式是指在不改变问题实质的前提下对问题的条件或形式加以变换。不使问题的实质发生改变，只变换问题形态或引进新的条件或新的关系，以此强化"双基"教学，达到训练学生思维和提高学生能力的目的。这种教学途径有着很高的教育价值。

变式有多种形式，如形式变式、方法变式、内容变式。

①形式变式，如变换用来说明概念的直观材料或事例的呈现形式，使其中的本质属性不变，而非本质属性时有时无。例如，将揭示某一概念的图形由标准位置改变为非标准位置，由标准图形改变为非标准图形，就是形式变式，一般把这种形式变式叫作图形变式。

②内容变式，如对习题进行引申或改编，将一个单一性问题变化成多种形式、多种可能的问题。一题多变就是将内容单一的问题变换成内容多样的问题。这种方式可以使问题更有深度。

③方法变式，如一题多解，通过方法变式，使同一问题变成一个用多种方法去解决、从多种渠道去思考的问题，这样可以促使思维灵活、深刻。

在高校数学教学中，要结合相关的知识点，着重培养学生的创造性思维能力。

（1）直觉思维能力的培养

对于学生直觉思维能力的培养，具体在教学活动中，要注意以下几点。

①重视数学基本问题和基本方法的牢固掌握和应用，加深学生对数学知识的直觉认识，使之构建起自身的数学知识体系。通常情况下，数学知识是由概念、公式、定理等内容组成的。这些内容主要在基本问题、典型题型或方法模式中反映出来。因此，可以将许多问题归纳总结为一种或几种典型问题，或者几种方法模式。

②强调数形结合，发展学生的几何思维和空间想象能力。数学直觉思维来源于数学形象直感，数学形象直感是一种几何直觉或空间观念的表现。对于数学教学中的几何问题，要重点培养学生对于几何自身的变换、变形的直观感受能力。对于非几何问题，要从几何的角度去思考，向几何思维方式靠近。

③凭借直觉启迪思路，发现新的概念、新的思想方法。从事数学发明、创造活动，逻辑思维很难见效，而运用数学直觉常常可以更容易地抓住数学对象之间的内部联系，提出新的思路，从而发现新的内容与思想方法。

（2）猜想思维能力的培养

在数学教学中，要鼓励学生运用直觉大胆猜想，培养学生善于猜想的数学思维习惯。猜想是合理的推理，在数学教学中，它与逻辑推理相辅相成，互为补充。对于尚未得出结论的问题，猜想能够促进其正确解题思路的形成；对于已经得到结论的问题，猜想是获得其解题思维的有效途径。因此，教师要在教学过程中养成鼓励学生大胆猜想的思维习惯。同时大胆猜想的思维习惯也是形成数学直觉，发展数学思维的重要手段。

常见的猜想模式有以下几种。

①通过不完全归纳提出猜想。这需要以对大量数学实例的仔细观察和实验为基础。

②由相似类比提出猜想。

③通过强化或减弱定理的条件提出猜想，可称为变换条件法。另外，还可通过命题等价转化，由一个猜想提出新的等价猜想，这被称为逐级猜想法。

④通过逆向思维或悖向思维提出猜想。逆向思维是指背离原来的认识并在直接对立的意义上去探索新的发展可能性。由于逆向思维也是在与原先认识相反的方向上进行的，因此它是逆向思维的极端否定形式。数学史上无理数、虚数的引进在当时均是极度大胆的猜想，曾经遭到激烈的批评和反对。非欧几何公理的提出是逆向思维的大胆猜测。

⑤通过观察与经验概括、物理或生物模拟、直观想象或审美直觉提出猜想。在现实世界中，对称现象非常普及。反映到数学中，对称原理也是随处可见的。尤其在描述、刻画现实世界中运动变化现象的重要学科——微分方程的理论中更是大显身手，即使在高度抽象的"算子"理论中也充分体现出数学的对称美。在数学知识体系中，利用对称原理考虑、处理问题也是一个重要的思想方法。借鉴对称原理，在研究微分算子的单边奇异性问题的基础上，首次利用对称微分算子研究讨论了两端奇异的自伴微分算子问题，然后再由对称情形——两端亏指数相等的情形推导出非对称情形——两端亏指数不相等的结论，而使得两端奇异的自伴微分算子的解析描述问题得到彻底解决。

（3）灵感思维能力的培养

通过研究数学史，结合心理学知识，人们总结出如下一些激发灵感的方法可供借鉴。

①暗示右脑法。人对于音乐、图形、图像等的感知能力，几何学和空间性能力，潜思维和潜意识等能力都由右脑掌控。许多心理学家和教育学家长期研究潜意识的作用。保加利亚心理学家洛扎诺夫通过改革教学法的实验，获得了使用"暗示法"启发潜意识的方法。这种方法对于调动大脑不同功能的积极性有很好的作用。

②寻求诱因法。通常情况下，灵感是在某种信息或偶然事件的刺激下获得的。经科学研究发现，思维活动达到高潮但仍没找到解决问题的方案时，刺激因素就显得尤为重要，它直接影响到研究的成败。刺激因素的获得有多种方式，

想象、发散式联想、怀疑等都可以获得刺激因素。

③暂搁问题法。面对一个问题，如果在长时间的思考后仍没找到解决办法，那么不妨将这个问题搁置起来，调整思路去学习新的内容，过段时间后再来思考这个问题，或是在学习新内容时不自觉地回到这个问题上来，有时会突然想到解决办法。长时间高密度地用脑后，参加体育活动或文艺活动，让思维暂时离开正在思考的问题，能够更好地发挥潜思维的作用，促进灵感的获得。

④跟踪记录法。灵感是稍纵即逝的，要随身携带笔和笔记本，在灵感出现时及时地将灵感记录下来。

在数学的教学活动中应用这些方法，那么学习将不再是简单的再现式学习而将成为创造性学习；在数学的研究活动中应用这些方法，将使研究者的思维更具有创造性。目前的科研水平尚不能清楚地掌握获得灵感的生理机制和心理机制，但可以证实的灵感是确实存在的，也是可以获得的。学生要学会获得灵感，并在获得灵感的过程中积累创造性学习和思考的方法，提升灵感思维能力。

（4）发散思维能力的培养

数学问题中的发散对象有拓宽数学概念、引申数学命题、发散使用数学方法等多个方面。发散方式或发散方法有逆向处理命题、提出新假设等方式。解题方法的发散方式有代数法、三角法、数形结合法等几种方式。

发散思维能力的培养对于学生创造性思维能力的培养具有重要作用。以下是培养学生发散思维能力的具体方法。

①对问题的条件进行发散。对问题的条件进行发散是指在已经获得了问题的结论后变换已知条件，变换思考角度，使用不同的结论解决问题。这种方法可以使问题的层次和学生的思维层次显示出来，对提高学生的发散思维能力和获取数学知识有促进作用。

②对问题的结论进行发散。对问题的结论进行发散是指题目的已知条件是确定的，但是结论尚未确定，让学生自己尽可能多地确定未知元素，并去求解这些未知元素。学生求解未知因素的过程是展示学生思维的广度和深度的过程。

③对图形进行发散。对图形的发散是指通过变换图形中一些组成元素的位置得到新的图形。使用这种方法对几何图形进行变换可以使学生在学习过程中做到举一反三，并在变换图形的过程中掌握不同图形变换之间的区别和联系，从而发现个性和共性之间的联系。

④对解法进行发散。解法的发散即一题多解。

⑤发现和研究新问题。在教学过程中，教师可以鼓励学生在熟悉的数学问题的基础上提出有创造性的新问题，并运用自己已经获得的知识和技能进行独

立思考,去发现数学的内在规律,进而获得新的知识,提升自身解决问题的能力,培养发散思维能力。

四、解决数学问题与培养创造能力

鼓励学生提出问题,是培养他们创造力的重要途径,在数学问题解决中,实际上已涉及提出问题。提出问题在数学问题解决中是创造性思维的一种重要表现。有关专家和学者认为培养学生提出问题的能力比培养学生解决问题的能力更加重要。在教学过程中,教师引导学生发现问题、提出问题,是培养学生创造能力的重要一环。

具体到数学教学活动中,应该注意以下几点。

一是教会学生提问。在数学教育中,如何教会学生解决问题,这是数学教育的一个重大课题。在这个问题上,传统数学教育,长期停留在引导学生用常规思维方法去解决常规数学问题的算法,最多偶尔也引导学生采取探索启发式去解决问题。至于如何解答非常规数学问题,课堂教学中一直是一项空白。采取试探策略引导学生运用创造性技术去解决问题,无疑对于培养学生的创造性思维有极大的益处。

二是激发学生的创造性思维。根据国内的研究,一般认为,激发创造性思维的有效途径有三条,一是设置活跃创造性思维的环境条件;二是坚持以创造为目标的定向学习;三是实施激发顿悟的启发教育。

但是人们一直未有寻求到一种把三者恰到好处结合在一起的形式,现在看来,非常规数学"问题解答"至少提供了把上述三者结合起来的一种途径。

三是教会学生思维。要教会学生思维,特别是如何进行创造性思维,研究解答问题的思维过程几乎是不可少的。因此问题解答应注意解答问题的思考过程,而不只是其答案。问题解答成功的过程比正确的答案更富有教育意义,如果出现学生被问题吸引住了并且愿意去不断地进行解答,那么数学教育将会获得极大的成功。

四是引导学生思路。许多学生原有的思路(预先做出的想法)常常把他们引入死胡同,这种例子既不少见也不意外。如果学生研究了所有可能的信息,但仍然找不到一个解法,这时教师就应该引导他们改变想法,着手考虑另外的途径。传统数学教育正是在这一点上显示出弱点,经常的做法是常常指点学生通过最有效的途径去解题,而不是让学生通过一步步地进行试探来解决问题。

五是引导学生思考关键问题。在问题解答的整个过程中,应当通过教师的提问,使学生回过头来思考一下问题的解答。传统数学教育常常趋向于不去理会一个已被"解决"的问题（即已经找出答案的问题），为的是继续解决下一个问题。这样便失去了从数学活动中可能得到的额外的非常有价值的东西的机会。教师应该仔细地检查解答，询问一些关键地方的问题让学生去思考，这样便会大大增进数学解题的教育意义。

六是鼓励学生思考。教师应鼓励学生猜测，鼓励学生思考，鼓励学生进行想象的创造性思维。在一个积极的课堂教学气氛中，学生可以像他们所希望的那样去自由思考问题，如果在回答问题时学生说出他们自己的某种想法，教师千万别去责怪学生的回答是"离题"的回答，重要的是问题解答的过程和学生参与的热情而不是答案的正误。

系统地实行尝试错误法以及审慎地选择猜想，两者都是可供使用的创造性技术。猜测或者仔细地实行尝试错误法都应该练习，并给予鼓励。做一个好的猜测者是困难的，但是要争取做一个好的尝试者，这一点很重要，这也是被传统数学教育所忽略了的。

七是引导学生构建思维导图。让学生构建一个他们自己的问题解答过程的框图，随着问题解答过程不断地发展，框图也应该变得更加复杂起来。使用文字、图画表达自己的思维过程和解答过程，描述解决问题的思路，这对于解决数学问题是十分必要的。

八是教师的教学善于打破常规。教师不仅要重视常规教学，而且与此同时也应重视非常规教学。教师不能老是靠模仿着一种样子学会走路，几十年总是按照一种模子来进行教学，要对常规数学问题的解答、非常规数学问题的解答、常规思维和强思维方法的训练、非常规思维和弱思维方法的训练予以充分的重视。但非常规教学是在常规教学的基础上进行的，非常规教学是常规教学的必然引申和发展。

数学教学中应以提出问题、解决问题为主线，以发展创造性思维能力为核心。而直觉思维、猜想思维、灵感思维、发散思维、求异思维正是创造性学习所必备的思维能力。因此，在数学教学中应注重创新教育，培养学生的创新意识、独立思考的习惯、提出问题和自主解决问题的能力。

第八章 基于数学核心素养的测评和教学实践策略

可以将核心素养比喻成课程发展方面的 DNA，核心素养是建立在学科能力之上的。但是相较于学科能力来说，核心素养不仅在意蕴上更为丰富，还是一种在知识、能力、态度三方面内容的综合化形态。核心素养主要是指一种学生必须要具备的品格和核心能力。核心素养直接关系着学生能否获得成功的生活，能否适应个人终身发展，以及能否适应社会发展，是一种不可或缺的共同素养。

第一节 基于数学核心素养的测评

一、数学核心素养测评理论

所谓的学生具备的数学核心素养，是指该学生拥有能够将数学知识应用于现实生活之中的能力。数学核心素养的重要性无可置疑，但是对大部分人来说，还只是将教学核心素养知识当作存在于教学中的一部分，尽管是最重要的一部分，但是也并不能代表数学的全部。在日常生活中，数学的核心素养必不可少，同时，人们对其他方面数学知识的需要也是不容忽视的。

（一）数学核心素养测评方法

国际学生能力评估计划（Programme for International Student Assessment，PISA）的测试内容是不包括考查数学证明的，在 PISA 测试中只涉及推理与说理。PISA 测试中的相关推理活动，均是建立在具体情境的基础之上的，并且这些推理都具有复杂程度不高的特点，结合实例来讲，类似于律师辩护，在辩护过程中进行的推理活动，是综合考量法律条文的内容之后进行的推理，这时的推理在其意义上讲，是日常生活中的推理，并不属于在此论述的数学推理。在 PISA 试题中，还存在一种需要注意的状况，那就是所有的题目都是建立在现实情境基础之上而进行的，这样就会出现一些数学知识没有被涵盖到 PISA 试题中的状况，若是想要将这些内容加入 PISA 试题中，这时就需要找到一个相对应的现实情境。对数学素养测评进行实践，并将其产生的结果进行比较之后，围绕着具体素养，深入分析践行测评中可以采用的相关测评工具与方法。当前，对于数学交流和数学情感两方面的研究，在数量上并不多，对此我们要多加关注，重视这两个方面的素养测评，以及相关的工具与方法研究。

1. 数学交流素养的测评

在数学交流过程之中作为参与主体的学生，要进行不断地反思、精炼，也就是修正自身的数学观点，以便实现思维清晰化的目的。对学生来说数学交流素养的能力并不是天生就有的，更不是一蹴而就的，是通过有意识培养得到的。数学交流素养能力的培养也是当前数学教育方面的任务之一。还需要注意数学交流素养的测评工具，必须具有显性、可检测的特征，才能够实现对学生数学交流素养能力状况进行测评。

（1）开放式问题的设计

蔡金发等研究者针对数学交流素养，以设计开放式问题以及相关评分方法为主题进行研究，对学生进行数学交流测评，建议先从改编教师熟悉的题目方面入手。

第一，对一些看似封闭的选择题，当这些问题的设计目的是要求学生能够表达出思维过程时，这种情况下对题目的设计就要具有开放性。

第二，在评价数学交流方面，其中最重要的一步就是开发测试任务。对任务的问题情境设计来说，要从学生的角度出发，通过设计一些学生熟悉的情景，有利于学生参与到数学任务中。

第三，关于任务的解答过程，策略应该是开放的。这样做有利于学生将多种数学表征手段应用于数学推理和表达解答过程中，最终实现促进其数学交流的目的。

第四，针对测评任务的设计，可以采用多种方式实现促进学生交流的目的，主要的方式有：一是，对解答过程进行说明；二是，对如何找到答案进行解释；三是，对理由进行说明，并且举例说明；四是，关于答案进行详细说明以及论证。

（2）数学交流过程评分方法

构造数学交流过程的评分方法，相关研究者如蔡金发，在经过研究后总结提出了相关观点，分别是整合定量整体评分法和定性分析评分法，通过这两种方法对数学交流素养进行一个合理全面的评价，主要内容如下。

第一，定量整体评分法。一方面，对答案的正确性进行测评；另一方面，对解决的过程进行检验，包括了数学交流，还包括了解决策略等诸多方面的问题。

第二，定性分析评分法。该方法可从交流质量和交流表征两个角度对数学交流素养进行评价。首先，从交流质量的角度出发，可以划分为正确性和清晰度。其次，从交流表征的角度出发，主要是用于学生在找到解答方法时，所使用的数学交流模式。当然对数学交流模式来说，还存在其他可能的测评工具，用于实现对学生交流素养水平的充分了解。

2. 数学情感素养的测评

学生对数学的态度或信念是影响学生数学学习的内在因素。相关研究者蔡金发和梅琳娜提出了一种方法，那就是"比喻调查法"，在此之中围绕着学生对数学的理解做了要求，将数学比作一种颜色、食物，甚至还可以是动物，简单来讲就是让学生通过熟知的颜色、食物或动物，来表述对数学的态度和想法，并且找出喜恶的程度以及出现喜恶的缘由。

另外，数学情感素养测评，首先通过问卷调查表，其次针对收集而来的数据通过定量和定性分析的工具进行处理，最后通过定量和定性的方法来对学生的回答进行评分。

（二）数学核心素养测评的影响

数学能力与数学素养水平之间，是呈正比的，若一个人在数学能力方面，能够熟练掌握的能力数量与程度越高，那么就说其具有的数学素养水平就越高。20世纪90年代，由M．尼斯（Mogens Niss）教授及其团队，经过研究总结提出了一套理论框架，核心内容就是数学能力。他们还提出了八种数学能力，分别是数学思维能力、问题处理能力、建模能力、推理能力、表征能力、符号与形式化能力、交流能力、运用工具与辅助的能力。PISA测试框架的研发过程中，采用了数学能力作为数学素养的核心要素，所以这些数学能力也是PISA测试框架的核心部分。

关于数学核心素养，主要表现在多种核心数学能力之上，诸如运算能力等等。在课程与教学改革中，作为教师要深度挖掘隐藏在知识形态之下的内容，

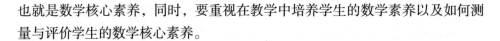

也就是数学核心素养，同时，要重视在教学中培养学生的数学素养以及如何测量与评价学生的数学核心素养。

二、数学核心素养的评价

在 PISA 数学素养评价中，可以得到许多启示。它强调学生在真实的情境中运用数学知识和工具解决问题的能力，认为"超数学情境"针对学生的数学素养，能够进行一种有效的测试。在数学核心素养方面，PISA 测试主要强调过程、思想和经验，首先，这些过程、思想和经验不仅不能够独立于知识、技能之外，还不能排除在思想、经验之外。其次，这些过程、思想和经验是一种综合体现，体现出学生对数学知识的理解、对数学技能方法的掌握、对数学思想的感悟以及对数学活动经验的积累。结合以上内容，针对学生的数学核心素养，只单单进行单次测试刻画的方式是需要继续改进的。

综上所述，针对数学核心素养的评价，需要进行真实性评价，以及表现性评价。

（一）真实性评价

这一评价方法主要是指在某种特定语脉的基础上，通过直接评价的方法，利用诸多知识、技能，实现一种对人的行为举止与作品的评价。这一研究方法：一方面，针对标准化纸笔测验存在的弊端，进行纠正；另一方面，通过具有复杂、不良结构特点的现实任务，使学生能够具备检验和适应未来生活和专业领域方面发展的能力。

（二）表现性评价

评价活动的开展要求符合现实情境或任务，通过观察、访谈等多元方法，针对学生解决问题，实现过程性数据收集的目的。关于数学素养表现性评价的关键之处在于，采用多时间点的追踪测量、过程性综合评价数学素养。

当前，计算机及互联网技术的发展与普及，为表现性评价带来了诸多可能性，将计算机技术应用于数学核心素养的评价，对学生测试结果，可以从多个角度、时间以及细节上进行数据分析，另外，依据这些数据还有利于实现数学核心素养得以构建的目的。

综上所述，基于数学核心素养的评价并不是关注学习的结果，而是关注学习过程，是一种从"过去取向的评价"转向"未来取向的评价"，更加关注学生在未来生活中应用数学解决问题的能力。

第二节 基于数学核心素养的教学实践策略

一、教师数学核心素养的教学实践策略

（一）分析数学核心素养的内涵

教师需要分析教学内容，要掌握教学内容中存在的数学核心素养的内涵，从而进行相应的教学设计。数学核心素养直接取决于教学内容，两者之间存在紧密的关系，数学核心素养是随着教学内容的改变而改变的。举例来讲，在初中数学方面，学生应重点掌握的是有理数的运算等方面的内容，那么在高中数学方面，更多的就是侧重一些推理能力的培养，由此可以得知不同学段也直接影响着数学核心素养的定位。

综上所述，教师要深入研究数学教学内容，要理解数学内容背后蕴含的数学思想方法，以及它对学生数学核心素养培养的作用。

（二）探索数学核心素养实施策略

核心素养的实施策略，举例来对其进行简述，即运算是不同于计算的，教师在教学的过程中不能只强调学生计算的层面，还要在理解运算对象的基础之上，通过掌握运算法则等来提高学生的运算能力。

数学教学素养对学生的学习提出了要求，那就是需要建立在真实问题情境的基础之上，创造性地使用数学知识和工具，以便能够实现解决问题的目的。学生需要经历知识的形成过程，在知识再创造的过程中，发展观察、比较、分析、概括、推理与论证的能力。

（三）基于构成要素采用不同的教学策略

数学素养之中存有推理、直观等诸多成分，并且分别具有不同的构成要素。举例来进行简述，可以将"推理"进行划分，分别是合情推理和演绎推理。由于推理方式的不同，相应的教学策略也会改变，因此教师就需要充分了解数学素养的成分，对数学素养的成分进行解构的同时研究其教学转化策略。

另外，还需要关注数学素养成分之间存在的联系是不可分割的还是孤立的。

（四）数学核心素养的进一步研究

在教学过程中关于数学核心素养的落实，关键之处在于数学教师所拥有的数学素养转化能力。数学素养转化能力对教师提出了要求，处于不同专业发展

阶段的教师，要对核心素养进行相关理解水平和主要影响因素的深入研究。在教学之中的教师，要通过实践提炼并总结教学行为，得出相关方法策略。教师应该理解数学核心素养，以及实践与学生对数学核心素养的理解的关系，并进行相应的探究。

从研究方法的角度上来说，主要内容如下。

第一，教师在考查数学核心素养时，一方面，需要针对所能够应用到的工具和方法，在原有基础之上进行进一步的开发测评；另一方面，教师应从质性和量化的角度出发，对教师的教学行为、对数学核心素养的实践进行考量。

第二，为了能够进一步了解教师和学生在不同数学素养上的理解水平，需要细化不同数学核心素养的指标，并设计相应的测评工具。

以上的方法和研究，从学生的角度来说，有利于学生数学核心素养的发展。更多的作用表现在能够提炼影响教师数学核心素养的因素，提炼教师转化数学核心素养的理论与实践，为教师专业化发展提供借鉴，为一线教师的数学教学提供支持和帮助。

二、基于数学核心素养教学情境的创设策略

（一）基于学生现实生活创设情境

如何创设教学情境呢？根据日常课堂教学观察发现，老师们创设教学情境的路径基本是根据现实生活中存在的数学关系创设生活化教学情境、根据数学知识之间的内在联系创设关联性教学情境、根据实践操作中蕴含的数学关系创设操作性教学情境、根据数学知识与其他学科知识之间的内在联系创设跨学科性教学情境、根据数学发展的历史及故事等创设数学文化性教学情境等。

如上所述，寻找、挖掘学生现实生活中与当下课堂教学密切相关的数学素材，经过合理的加工形成课堂教学情境，进而将教学情境改造成课堂教学内容，努力与抽象的数学教学内容实现联结，目的是让学生认识到现实生活中蕴含着大量与数量和图形有关的问题，这些问题可以抽象成数学问题用数学的方法予以解决。教师在整个数学教育的过程中都应该培养学生的应用意识。让学生真正经历从现实生活到数学的数学化过程，帮助学生直观地理解数学知识。

例如，在引入负数的概念时，通过图片、表格等形式，展示生活中存在的大量需要用负数来表达的例子，如表示收入与支出、表示零上与零下的气温、表示电梯上的楼层数据等。这些具体的例子，不仅让学生感受到了学习负数的必要性，而且还让他们从中感受到了正与负之间所表示的相反意义。又如在教

学函数的概念时，也可以通过多媒体展示，利用表格、图像及关系式表示现实生活中量与量之间的关系，让学生逐步经历从具体例子中概括出共同属性，再举出生活中的实例来例证属性，形成概念的过程。这样既可以让学生感受到学习函数这个新的数学对象的必要性，也可以让他们真正经历一个核心概念的形成过程，并在这个过程中感悟抽象思想及概括思维。再如在前面所举的教学平面直角坐标系的例子等，无论是数学概念的教学，还是数学原理及解题教学，现实生活中都存在大量的丰富的真实例子。这是因为，"数学是对客观现象抽象概括而逐渐形成的科学语言与工具"。

当然，一个纯粹的现实生活情境仍无法作为数学课堂教学有效的教学情境，它需要同时蕴含能激发学生进行数学思考的数学问题，蕴含能启迪学生从情境中发现问题、提出问题的元素。而现实生活情境能否发挥数学教学的价值，不仅在于情境的真实性、情境与学生现实生活的紧密关联性，还在于情境中问题设计的合理性，在于教师在教学时能否挖掘出情境中蕴含的数学元素的真正教学价值。

（二）基于学科内部关系创设情境

教学情境除了来自现实生活外，还可以根据数学知识的内在逻辑联系，通过"以旧引新"的形式被创设出来。这既能巩固已学过的知识，又能引出相联系的新知识，让学生感受新旧知识间的内在联系，以建构逻辑连贯的数学认知结构，形成良好的数学学习认知系统。

根据数学知识之间的内在联系创设关联性教学情境，需要教师在理解数学上下功夫，在理解学生的认知发展水平及已有的经验上下功夫，在帮助学生从整体结构上认识数学、学会学习数学、积累研究数学对象的经验上下功夫，需要教师着力于减轻学生学习数学的认知负担，在提升学生的数学核心素养上下功夫。数学是研究数量关系和空间形式的科学。《标准》指出：数学知识的教学，要注重知识的生长点与延伸点，把每堂课教学的知识置于整体知识的体系中，注重知识的结构和体系，处理好局部知识与整体知识的关系，引导学生感受数学的整体性，体会对某些数学知识可以从不同的角度加以分析，从不同的层次进行理解。研究一个数学对象，常常研究其所蕴含的数及数量之间的关系，图形及图形之间的关系，数与图形之间的相互转化、相互融通的关系，以及数学对象所蕴含的文化价值、美学价值、育人价值，等等。从某种意义上说，随着学生年龄的增长及其数学知识水平及认知经验的增加，我们应该从创设生活化情境逐步过渡到创设学科内部关联性情境，以帮助学生在同化与顺应的过程中，习得新知。

（三）基于操作实验创设情境

第三种常见的创设教学情境的方式是，设计操作性活动，使学生在实验操作过程中，观察、思考实验对象所蕴含的数学关系，在动手实践、直观观察与数学思考的过程中形成认知，获得知识，解决问题。这也正如《标准》所说："学生自己发现和提出问题是创新的基础；独立思考、学会思考是创新的核心；归纳概括得到猜想和规律，并加以验证，是创新的重要方法。"对操作性情境来说，它真正的教学价值不应局限于操作，而在于经历操作（数学实验）的全过程，这个全过程应是"思考—实验—验证反思"，体会合情推理的意义，感悟推理的思想。这里思考的价值在于明确实验的内容与目标，明晰实验的方向，规划操作实验的路径。

（四）基于其他学科知识创设情境

《标准》指出："数学作为对客观现象抽象概括而逐渐形成的科学语言与工具，不仅是自然科学和技术科学的基础，而且在人文科学与社会科学中发挥着越来越大的作用。"数学家华罗庚说过："宇宙之大，粒子之微，火箭之速，化工之巧，地球之变，生物之谜，日月之繁，无处不用数学。"冯·纽曼认为："数学方法渗透并支配着一切自然科学的理论分支。它越来越成为衡量科学成就的主要标志了"。……这些都说明数学在科学及人文发展中的巨大贡献及作用，同时也表明其他学科与数学之间有着密切的联系。这为我们创设教学情境提供了新的途径，即根据数学与其他学科之间的密切联系，创设跨学科性教学情境，以帮助学生在运用数学知识解决其他学科问题的过程中，发展将其他学科问题转化为数学问题的数学化能力，感受数学模型思想，拓宽数学认识的视野，提高学习数学的兴趣培养与发展数学品质。

要合理创设跨学科性教学情境，发挥这类情境在培养学生数学核心素养中的作用，从全科育人的高度，从促进人的全面发展的高度去认识数学教学，从"为学生未来生活、工作和学习奠定基础"的高度去落实数学教学。"狭隘的学科教育视野将不利于我们真正地从一种更加整体、更具包容性的视角生成创新性的研究观点。"把数学独立于其他学科来孤立地学习，把数学独立于社会需求来教学，不利于学生的全面发展，也不利于学生对数学知识的全面性、本质性理解，更不利于培养学生的应用意识与创新能力。学生未来的生活不应仅仅有数学和其他学科，而应有数学的思维，应具备一定的数学地观察世界、数学地思考世界的能力。世界是具体的，是活生生的，数学的抽象性让数学离具体的"现实生活世界"有一定的距离，这常常需要借助其他学科的力量，运用数学的眼光与思维，透过现象看本质，分析一系列现象背后的基本规律，从而更好地生活与学习。

　　需要指出的是，当我们在教学中创设与其他学科知识相关的教学情境时，不能过于迷信教材中现有的情境，或其他已有的教学设计中的情境，而是要与其他学科老师进行一些交流沟通，了解学生在相关学科方面的认知经验与水平。若学生不具备这些学科知识，那么我们需要更换这类教学情境，而不是一味地盲从照搬。否则，所创设的教学情境，很可能需要教师花费较多时间来先帮助学生了解相关学科知识，反而冲淡了这一教学情境中的数学味道。这样就得不偿失了。

（五）基于数学历史文化创设情境

　　还有一种较为常见的创设教学情境的方式是，根据数学发展的历史及故事等创设数学文化性教学情境。数学作为一门独特的具有悠久历史的学科，具有自身独特的丰富的数学史、数学美等文化价值。教学时，利用这些资源来创设数学教学情境，可以让学生从数学发展的历程上去整体认识数学，加深对当下学习的数学知识及方法的整体性理解。同时更为重要的是，数学发展史上所出现的名人逸事、经典数学公式、经典教学法则、经典数学问题、数学自身的美等等，对提高学生学习数学的兴趣，培养学生形成良好的数学态度，形成良好的人生观、世界观、价值观等，都有巨大的作用。

　　数学是一种文化，这早已是常识。《标准》中也强调"数学是人类文化的重要组成部分，数学文化作为教材的组成部分，应渗透在整套教材中……帮助学生了解在人类文明发展中数学的作用，激发学生学习数学的兴趣，感受数学家治学的严谨，欣赏数学的优美"。创设基于数学学科的数学文化性教学情境，就是要将反映数学的思想、精神、方法、观点、语言等融入课堂，内化于具体的数学知识，并通过具体的教学情境外化出来，帮助学生更好地理解数学，培养学生的数学素养。

参考文献

[1] 朱维宗，吴骏，施红星. 小学数学教学设计 [M]. 哈尔滨：哈尔滨工业大学出版社，2016.

[2] 和小军. 小学数学教学设计与教学 [M]. 桂林：广西师范大学出版社，2016.

[3] 徐素珍. 小学数学教学的实践与探索 [M]. 上海：上海交通大学出版社，2017.

[4] 王新民，吕晓亚. 小学数学教学策略研究 [M]. 成都：四川大学出版社，2015.

[5] 王晓燕. 小学数学教学方法与探究 [M]. 成都：电子科技大学出版社，2015.

[6] 宋秋前，孙宇红. 小学数学教学问题诊断与矫治 [M]. 上海：上海交通大学出版社，2018.

[7] 杨海鹏. 小学数学教学技能研究 [M]. 开封：河南大学出版社，2015.

[8] 胡明亮. 中学数学教学思考与实践 [M]. 成都：西南交通大学出版社，2017.

[9] 韩云桥. 中学数学教学与学生思维发展 [M]. 广州：中山大学出版社，2013.

[10] 张雄. 大学数学本体教学论 [M]. 西安：陕西师范大学出版社，2013.

[11] 赵红革. 大学数学教与学 [M]. 沈阳：东北大学出版社，2015.

[12] 曾庆武，秦霞. 大学数学学习指导 [M]. 北京：北京理工大学出版社，2017.

[13] 美国数学及其应用联合会，美国工业与应用数学学会. 数学建模教学

与评估指南 [M]. 梁贯成，赖明治，乔中华，等译. 上海：上海大学出版社，2017.

[14] 薛爱丽. 小学数学核心素养的内涵与价值分析 [J]. 中国校外教育（中旬），2018（10）.

[15] 王友智. 核心素养背景下高中数学教学有效性初探 [J]. 中学数学教学参考，2018（27）.

[16] 庆婷. 对于小学数学核心素养的特质与建构的探究 [J]. 才智，2018（27）.

[17] 刘世强. 新时期酒店管理的创新探析 [J]. 品牌，2015（10）.